ビジュアルガイド もっと知りたい数学 ❷

「代数」から
「微積分」への旅

ALGEBRA TO CALCULUS UNLOCKING MATH'S AMAZING POWER

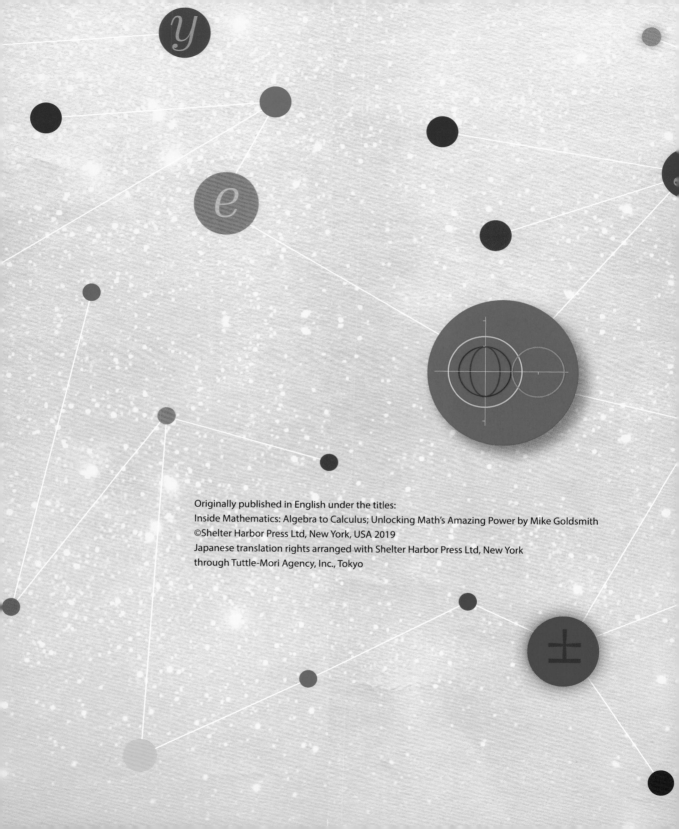

Originally published in English under the titles:
Inside Mathematics: Algebra to Calculus; Unlocking Math's Amazing Power by Mike Goldsmith
©Shelter Harbor Press Ltd, New York, USA 2019
Japanese translation rights arranged with Shelter Harbor Press Ltd, New York
through Tuttle-Mori Agency, Inc., Tokyo

ビジュアルガイド もっと知りたい数学 ❷

Inside MATHEMATICS

「代数」から「微積分」への旅

Algebra to Calculus Unlocking Math's Amazing Power

マイク・ゴールドスミス 著

緑慎也 訳

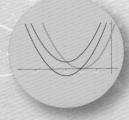

創元社

はじめに
Introduction

代数と微積分は数学の中でもとりわけ人気がないといっても差し支えないだろう。多くの人が教科書にあらわれる数字や記号をおびえた目で見つめ、まずはそのページを飛ばす。これほど動揺してしまうのは、なぜだろうか。多くの学生が口にする疑問は、次のふたつに集約される。

1. いったいなにが言いたいの？

代数と微積分を不愉快に感じるおもな理由は、どちらも日常的な言葉で記述できないことだろう。少なくとも、それぞれの重要な部分についてはそうだ。算数とちがってなじみのある数字だけでは扱えず、幾何学のように図形を見ればなにが起こっているかだいたいわかるというわけにもいかない。代数と微積分の内容の大半は、日常生活では接することのない文字や記号で書かれている。

「代数（algebra）」という言葉は、アル゠フワワーリズミーによって830年に最初に使われた。彼のせいで学生たちは苦しんでいるわけだが、わたしたちは彼に感謝すべきだ。その理由を知りたければ、この本を読んでほしい。

2. なにが面白いの？

『微積分で大金持ちになろう』『代数で太陽系探検』とかいう、魅力的なタイトルの本が書棚に並ぶことはほとんどない。微積分や代数の本を流し読みしても、読者が得をするような話題は出てこない。小説の章タイトルとちがって先が読みたくなる文言はない。対偶、因数分解、積分、そして微分方程式といった数学用語を目にしても、わくわくしたり次のページをめくりたくなったりしない。

お答えします

この本の使命は、このふたつの疑問にたっぷりと答えることだ。しかし部分的にはすぐに答えられる。

ある意味、代数は言語なのだ。ただし英語のような言語とはちがう。非常に限られた目的のために、何世紀もかけて発展してきたからだ。工学、物理学、経済学など、わたしたちの生活にかかわる分野で、困難な課題を説明、分析、そして解決するためだ。もちろん日常的な言葉を使って議論することはできる。しかし、数学の手法ならより厳密だし、代数を記述する言葉は日常の言葉より正確でもある。微積分は代数と同じ言葉を使う。

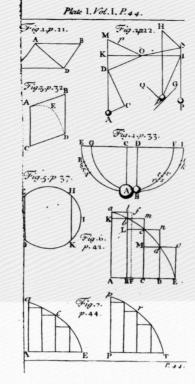

代数と微積分のおかげでわたしたちは自然がどのように変化するかを理解できる。

$$2t_{移動} + 2t_{着替え} + t_{水泳} = 2時間$$

まず $t_{移動}$ について考えよう。人間は1時間に約5キロメートル歩くから、$t_{移動}$ の時間もわかる。どうやって？　そう、距離が長くなれば時間もかかるのだ。代数ではこの状況を**移動時間∝移動距離**と表せる。「移動時間は移動距離に比例する」という意味だ。簡略化して**t∝d**とあらわそう（移動時間を t、移動距離を d とする）。もちろん距離以外にも、速度についても考えなければならない。速く歩けば所要時間は短くなる。これは **t∝1/s** と表せて「移動時間は移動速度に反比例する」という意味だ（移動速度を s とする）。

なぜ分数で書くのかって？　分数では、**1/2、1/3、1/4、1/5、1/6** という具合に、

高度な数学がつくりあげた架空の世界は、現実世界についてたくさんのことを教えてくれる。

次の問題について考えてみよう。「新しいプールに泳ぎに行きたいけど（プールは2キロメートル向こう）、2時間で帰ってこなきゃいけない。どれくらい泳げるかな？」。代数学としては、この状況の要素を等式で表せる。

$$t_{移動} + t_{着替え} + t_{水泳} + t_{髪を乾かして着替え} + t_{家に戻る} = 2時間$$

どんな等式に対しても、最初にすべきことは単純化だ。プールの往復時間が同じ（$t_{移動} = t_{家に戻る}$）で、水泳の前と後の身支度が急げば同じ時間になる（$t_{着替え} = t_{髪を乾かして着替え}$）としたら、以下のように単純化できる。

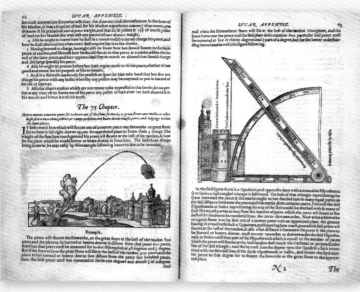

左から右へ進むと値が小さくなる。線の下の数が大きくなっているからだ。なにが言いたいかというと、分数の値は線の下の値に反比例するのだ。

　ということで、式は

$t \propto d$、$t \propto 1/s$

　移動時間が共通しているので、ひとつの式にまとめよう。

$t = d/s$

$d = 2$ キロメートル、$s = 5$ キロメートル/時間であることがもうわかっているので、この値を式の d と s に入れる。d や s は変数と呼ばれるもので、そのときどきの条件に合わせた数を入れることができる。

$t_{\text{移動}} = 2/5$ 時間

　そして、着替えに15分（1/4時間）かかるなら、

代数とすべての数学の源は、日常の問題を解決することにある。

$t_{\text{着替え}} = 1/4$ 時間だ。

　これらの値を、先ほどまとめた式に入れる。$2t_{\text{移動}} + 2t_{\text{着替え}} + t_{\text{水泳}} = 2$ 時間だ。

$4/5 + 2/4 + t_{\text{水泳}} = 2$ 時間

　1時間の $4/5$ は 48 分、また1時間の $2/4$ は1時間の $1/2$ と同じで 30 分だ。ここまで分について話しているが、2時間も分に変換しておこう。48 分 $+ 30$ 分 $+ t_{\text{水泳}} = 120$ 分だから、78 分 $+ t_{\text{水泳}} = 120$ 分だ。ここから $t_{\text{水泳}}$ が 42 分という結果を出すのはたやすい。この値は両辺から 78 分を引くことで出せる。78 分 $- 78$ 分 $+ t_{\text{水泳}} = 120$ 分 $- 78$ 分だから、

$t_{\text{水泳}} = 42$ 分となる。

　これが代数の力だ。代数は、上記のような日常の具体的なことから、星のような巨大な物体のそばでは時間のスピードが遅くなることまで、すべての分野の問題に使える道具なのだ。

$$t_0 = t_f \sqrt{1 - \frac{2GM}{rc^2}}$$

　ここで t_0 は物体のそばで測られた時間、t_f はそこから遠く離れたところで測られた時間、G は定数で、M は巨大な物体の質量、r は t_0 を測った場所から巨大な

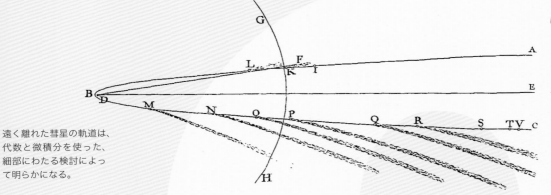

遠く離れた彗星の軌道は、代数と微積分を使った、細部にわたる検討によって明らかになる。

物体からの距離、**c**は光速である。定数とはどの計算でも同じになる値のことだ。

それでは微積分とは？

　微積分は科学者、技術者、そして経済学者にとって、世界を理解するために欠かせない道具だ。

　先の例では、与えられた速度でどこかまで歩くのにどれだけ時間がかかるかを計算した。速度は位置を変化させる割合だ。変化とは自然そのものである。経済、惑星、自動車、世界の人口などは、すべて時間に伴って変わる。変化を扱うには数学的な道具が必要だ。その道具こそ微積分なのだ。微積分の発明者の一人はアイザック・ニュートンである。彼は、惑星や彗星の位置、速度、また重力の影響を受ける軌道を正確に知るための道具として微積分を発明した。

　しかし代数と微積分には、単に具体的な問題を解く道具以上の役割がある。だれも理由は知らないが、われわれの宇宙の振る舞いは同じ規則に基づいている。

その規則は数学によって支配され、数学者が自分たちの用途のために見いだした数多くの概念が、結局は現実に合致していたことがあとでわかったのだ（79ページの虚数の項参照）。数学は、まさに宇宙を理解する鍵なのだ。

この葉書に書かれた数式（エミー・ネーターによるもの）は、空間と時間にどのようなかかわりがあるかを示している。

代数の夜明け
The Dawn of Algebra

4000年前の古代バビロニア（現在のイラク）で、代数は始まった。それがわかるのは、バビロニア人が硬い粘土板や円柱に記録を刻んで、後々まで残したからだ。

バビロニア人の記述は、特製の尖筆を粘土に押しつけ、くさび形の模様を残すことで作られた。その文字はくさび形文字と呼ばれ、多くの文明を超えて1000年以上にわたって残った。バビロニア人は熱心な書き手で、その粘土板は50万枚以上残っている。1860年代までに、粘土板には多くの数字が書かれていることがわかったが、当初はあまり関心を持たれなかった。

過去を明らかにする

古代バビロニアにいたひとりひとりの数学者についてはわからないが、くさび形代数に深く関心を持つ人間がいた。オーストリアの数学者オットー・ノイゲバウワーだ。彼は粘土板に書かれた計算の謎を解き、バビロニア数学の全貌をつかんで、その成果を1930年代から40年代にかけて著書に記した。ノイゲバウワーはドイツで活動し、高い評価を受け、1933年に名高いゲッティンゲン数学研究所の所長に招かれた。一方、彼はキャリアの初期に、政府への忠誠を誓う署名を求められた。というのも、ナチス・ドイツの支配が始まったころだったからだ。彼はいったん求めに応じたものの、後に国を離れ、はじめはデンマーク、つい

バビロニアは空中庭園で知られたが、いまは廃墟となっている。その数学はずっと長く残った。

でアメリカでバビロニア数学を研究した。

古代の数学

ノイゲバウワーが明らかにした代数は、驚くほど現代的だ。バビロニアの数学者たちはピタゴラスの定理（26ページ参照）をよく知っていたし、2次方程式（13ページの「やってみよう！」参照）を解いていた。た

われわれは十進法を使っているが、これは2,074という四つの数字の並びでふたつの千、百はなくて、七つの十、そして四つの一を表す数の表し方だ。十進法で数えるには、まず10個の数字（0を含む）だけを使う。0、1、2、3、4、5、6、7、8、9だ。

次に左に1を記し10個の数字をもう一度並べる。10、11、12…19
最後まで行ったら、左にひとつ数字を増やして10個をもう一度並べる。20、21…

十進法が使われはじめたのは、おそらくわれわれの手に指が10本あるからだろう。10を超えたら、どこかから持ってこなければいけない。

バビロニア人は、一方、10では止まらなかった。彼らが使ったのは六十進法だ。しかし0はもたなかった。

バビロニアの記数法は以下のようになる。

	1		11		21		31		41		51
	2		12		22		32		42		52
	3		13		23		33		43		53
	4		14		24		34		44		54
	5		15		25		35		45		55
	6		16		26		36		46		56
	7		17		27		37		47		57
	8		18		28		38		48		58
	9		19		29		39		49		59
	10		20		30		40		50		

われわれの記数法はバビロニアのもの（ほかもあるが）をもとにしているので、1時間は60分だし、1分は60秒だ。

だし彼らは数学記号を持っていなかった。等号すら持っていなかったのだ。彼らの計算はすべて言葉と数字で書かれていて、ちょっと料理のレシピに似ている。いま数学の問題を解くとき、どんな突飛な問題も、数を公式に当てはめ、計算機を使うだろう。古代バビロニアではまったくちがう。本の代わりに粘土板の山に手を伸ばし、そこにはすべての範囲の数学レシピが書かれていて、その中から解決したい問題に似ているものを選ぶ。次に粘土板の解説に沿って、手元の数値を使う。かんたんな計算なら自分でできるが、平方数や平方根の表を参照することもできる。掛け算の表も手元にある。現代の小学生たちとちがって、彼らはその

左：バベルの塔は15世紀の時祷書に登場する。時祷書にはキリスト教の祭日の日付を計算する方法が書かれていて、それにはバビロニア数学が使われている。

上：このくさび形文字が書かれたバビロニアの粘土板には、247問の2次方程式を使う問題が書かれている。バビロニアの学生たちはどうも目がよかったらしい。

表を覚えることを期待されていなかったはずだ。バビロニア人たちは六十進法を使っていた。つまり彼らの掛け算表は59行×59列もあったのだ！

ひとつの答え

　バビロニア数学の奇妙なところは、粘土板は解き方だけを伝え、いかにして最初にレシピに到達したのか、その経緯を示していない点だ。したがって、当時の学生たちはふさわしい例を選んで、手元の特定の問題に当てはめることくらいしかできなかっただろう。バビロニア人は負の数の概念を持たなかったので、2次方程式には解がひとつしかなかった。

やってみよう！

2次方程式を解く

ステップ1：最初に等式を一般的な形、$ax^2+bx+c=0$ に書き換える。$x^2+2x=4+2x$ は次のように書き換えられる。

$x^2+2x=4+2x$　　$2x$ を両辺からとる。

$x^2=4$

$x^2-4=4-4$　　両辺から **4** を引く。

$x^2-4=0$

ステップ2：因数分解する。
$(x+2)(x-2)=0$

ステップ3：最初のかっこ内を0にするような **x** の値を入れる。
$(-2+2)(-2-2)=0$

$(0)(-4)=0$ を満たすので
$x=-2$ はひとつの解。

ステップ4：2番目のかっこ内を0にするような **x** の値を入れる。

$(2+2)(2-2)=0$

$(4)(0)=0$ を満たすので
$x=2$ はもうひとつの解。

ステップ5：2次式を因数分解するのが難しければ、2次方程式の解の公式を使う。

$$x=\frac{-b\pm\sqrt{b^2-4ac}}{2a}$$

つまり、$7x^2+3x-11=0$ を解くには

$$x=\frac{-3\pm\sqrt{3^2-4\times7\times(-11)}}{2\times7}$$

よって

$$x=\frac{-3\pm\sqrt{317}}{14}$$

つまり、
$x=-1.486$（近似値）
もしくは 1.057（近似値）

秘密と成功

　バビロニアより何千年か前にも高度な文明はあり、どの文明でも数を数えていた。しかし、われわれが知る限りでは、バビロニアに迫る専門知識を持つ文明はなかった。バビロニア数学がなしとげた偉大な発明と考えられているのは、位取り記数法だ。位取り記数法では、同じ数字が、書かれた場所によってちがう値を示す。現代使われているのも位取り記数法だ。246、426、642といった数はそれぞれ別の値を示すが、三つの数字は共通だ。この数を解読できるのは、それぞれの場所（位）の意味を知っているからだ。最初の位は「百」、次が「十」、3番目が「一」だ。このおかげで数を読むことも、操ることもできる。バビロニアの

バビロニア方式で問題を解こう

典型的なバビロニアの問題は「奥行きは幅より10長い。広さは600。奥行きと幅の長さは？」というものだ（バビロニアでは六十進法が使われていたが、問題の数は十進法に変換している）。

奥行きをx、幅をyとおくと
$$x-y=10 \quad (1)$$
$$xy=600 \quad (2)$$

そして次のように解く。

（1）の式を変形する。
$$x=10+y$$

（2）に代入する。
$$(10+y)y=600$$

展開する。
$$10y+y^2=600$$

2次方程式の一般式に書き換える。
$$y^2+10y-600=0$$

2次方程式の解の公式（13ページ参照）に当てはめる。$a=1$、$b=10$、$c=-600$

答えは
$$y=(-10\pm\sqrt{2500})/2$$
つまり
$$y=-30 \text{ または } 20$$

よって（1）より
$$x=-20 \text{ または } 30$$

しかしバビロニア人は、粘土板から似た例を選び、それに従ってこの実例の数値を当てはめる。その過程はこのようになる。

奥行きと幅の差はどれだけ？ **(10)**

それを半分にする **(5)**。
それを平方する **(25)**（バビロニアの学生はこれを平方数表で見つける）。
面積に足す **(625)**。
平方根を見つける **(25)**。
奥行きと幅の差の半分とこの平方根を足す **(30)**。これが奥行き。

奥行きと幅の差の半分を平方根から引く **(20)**。これが幅。

バビロニアの建築家と技術者は、発達した数学に頼りつつ、頑丈で印象的な建物をつくった。

ギザのピラミッドの形は、古代
エジプト人が数学を正確につか
んでいたことを示している。

数学者たちがどのようにレシピを書いていたかについ
て記録は残っていないが、知り得る限り、変数を使っ
た一般的な解法という概念は持っていなかった。彼ら
にとって、左の囲み内の等式(1)や(2)は意味をなさな
かった。したがって、彼らが3、4、5や5、12、13な
どのピタゴラス数（$a^2+b^2=c^2$を満たす三つの整数の組）
になじんでいたとしても、そしてそれらについての記
述が彼らの本にあったとしても、その考えがひとつの
公式で表されるようになるのは何世紀もあとだった。

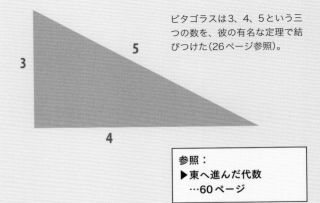

ピタゴラスは3、4、5という三
つの数を、彼の有名な定理で結
びつけた（26ページ参照）。

参照：
▶東へ進んだ代数
　…60ページ

証明
Proof

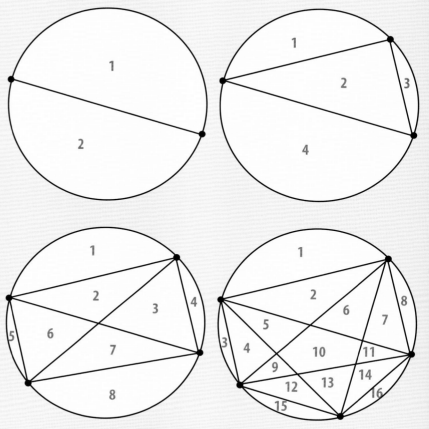

円の分割はある規則に基づいているように見える。しかし数学者は、正しいように「見える」だけでなく、証明を必要とする。

定理は数学の規則だ。ピタゴラスの定理のように単純なものもあれば、とても複雑で、本当に正しいのかどうか、だれもわからないようなものもある。

数学者が定理を便利に使う前に、まず証明しなければならない。証明には五つのおもな方法があるが、のちほど見ていこう。もちろんバビロニアの数学者たちは常に規則を利用していたが、それらの規則を定理として証明しようとは考えなかった。彼らにとって定理やその証明という考え方は奇妙に思えたはずだ。もしバビロニアの数学者たちに、どうやって計算する正しい方法を知るのか訊ねることができたら、おそらく答えは「うまくいくから」または「いままでそうやってきたから」だろう。これは母語を身につける過程に似ている。どうすればうまくいくかに気づき、なんとなく要領がわかる。新しい単語を見てそれを発音しなければならないとき、規則を教えてもらう必要はない。たとえば造語「zam」を例に取ろう。「ham」と韻を踏みそうなのはまたとないチャンスだ。この単語に「e」を加えると（「zame」）、「claim」と韻を踏む単語になるだろう。言語には、自分ではっきり言葉にしたことがなくても規則が存在する。しかし新たな言語を習得するときには、その規則を学ばなければならない。

数学の規則

数学においては、規則は生きもののように成長していく。しかしうまくいきそうだからといってそのまま使うのは危険だ。たとえば上の四つの円では、どの点もほかの点と直線で結ばれている。その直線が区切る

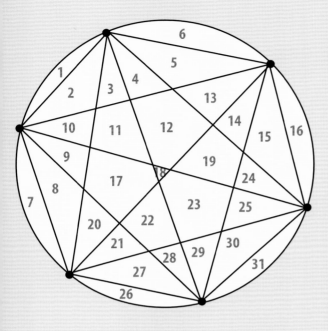

この公式を試してみよう。

点の数	点の数 - 1	$2^{(点の数-1)}$
2	1	2
3	2	4
4	3	8
5	4	16

さて、点が六つになったとき区域はいくつになるだろうか？　公式どおりなら32だろう。しかし、答えは31だ。左の図を見てみよう。つまり、定理はなんだかうまくいくように見えてもそのまま信じてはいけないということだ。ただいくつかの例で試すのではなく、証明もしなければならない。

区域の数は

2点：2区域

3点：4区域

4点：8区域

5点：16区域

なにかパターンができているように見える。区域の数は、点がひとつ増えるごとに2倍になっているようだ。なにが起こっているのだろう。こんな公式を思いつくかもしれない。

区域の数 ＝ $2^{(点の数-1)}$

数学界初のスター

歴史に残る最初の数学者はタレスだ。彼はわれわれが知る限り最初に定理の証明を行った人物だ（彼の名

科学者、数学者、そして哲学者でもあったタレスは、ミレトス（現在のトルコ）に2600年ほど前に生きた人物だ。

を冠した定理がある。右の囲み参照）。タレスはギリシャ人で、現在はトルコの一部になっているミレトスで生まれた。多くの古代ギリシャ人と同じく、タレスについても多くの伝説があるが、どれくらい正しいのかはわからない。そのうちのひとつによれば、タレスは一晩に何度も転んだ。星を見るのに忙しかったからだという。また、彼は天気予報で一財産築いたともいう。予報がオリーブの豊作を告げていたら、タレスはオリーブの搾り器を安いうちに買い、本当に豊作になったときかなり高値で売った。搾り器が不足していたからだ。これは、学問（今日では「科学」と呼ばれるもの）を身につけてなんの得があるのかという人々へ反論するためだったという。

タレスは日食を予測し、技術者、またビジネスマンでもあった。今日、多数の専門の数学者たち、物理学者、経済学者、また技術者たちが、彼の定理を発展させることに労力を費やしている。

証明の種類

数学的な証明方法は主に五つある。ほとんどすべて

オリーブの実からオイルを搾り出す作業は、古代では重労働だったが、タレスはそこから儲けを出せることに気づいた。

の定理は、これらの証明方法のひとつかふたつを使って証明される。

1. 直接証明

もっとも多く使われる証明方法で、段階を踏んで進める。「AはBを意味する」を証明するには、このように始める。

「AはCを意味する」
「CはBを意味する」
「したがって、AはBを意味する」

以下が実際の例だ。
定理：nが偶数ならば、n^2 も偶数である。

証明：偶数の定義は、2で割ると整数の答えが出ることだ。つまり、10を2で割った答えは整数の5だから、10は偶数だ。5のような奇数は2で割ると小数の答えになる（$5 \div 2 = 2.5$）が、2をかけると整数に戻る。

偶数の定義によって、すべての偶数は2wで表される。wは整数を示す。

定理上nは偶数なので、
$n = 2w$

やってみよう！

タレスの定理を証明する

タレスにちなんで名付けられたこの定理は、三角形は円に内接し、三角形の一辺が円の直径であるとき、対向する角は常に直角になるという内容だ。

タレスの証明はふたつの事実に基づく。
1. 三角形の内角の和は直角ふたつ分（180°）である。
2. 二等辺三角形の二角の角度は等しい。
三角形 ABC を円の中に書き、中心 O から頂点 B に直線を引いて、もとの三角形を分割したふたつの三角形をつくる。どちらも二等辺三角形になる。

新たな三角形 AOB は二等辺三角形なので、二角の角度が等しいことがわかる。これらの角度を α （アルファの記号。ギリシャ語の「a」）とおく。同様に二等辺三角形である三角形 BOC の等しい二角を β （ベータの記号）とおく。

ここで代数の登場だ。三角形 ABC の内角の和は 180° だから、図からこの式が成り立つ。

$$\alpha + (\alpha + \beta) + \beta = 180°$$

つまり

$$2\alpha + 2\beta = 180°$$

ということは

$$2(\alpha + \beta) = 180°$$

両辺を 2 で割れば、探していた答えになる。

$$\alpha + \beta = 90°$$

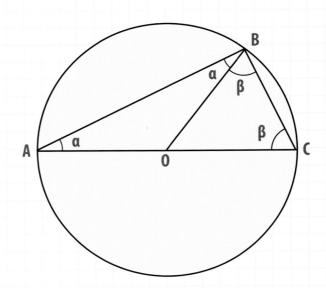

等式を2乗するとこのようになる。

$$n^2=(2w)^2=4w^2$$

この式は以下のように変形できる。

$$n^2=4w^2=2×2w^2$$

（どうしてこう変形したのかはすぐにわかる）

さて、ここで新たな記号をおく。

$$m=2w^2$$

すると

$$n^2=4w^2=2×2w^2=2m$$

ここで定義に戻ろう。2mは必ず偶数になる。なぜなら2で割った答えが整数であるmだからだ。ついに、n^2は偶数だと示すことができた。なぜならn^2は、たったいま偶数であると証明した2mと等しいからだ。

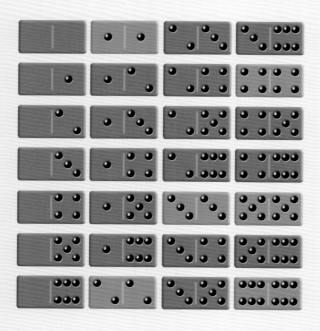

ドミノ牌のふたつが同じ数の牌（ダブル）は、ふたつの数を足すと必ず偶数になる。見えている数が奇数であってもだ。

注意してほしいことは、証明を行うには創造的でなければならないということだ。最初に等式を2乗することは今回は有用だったが、ほかの事例では役に立たないかもしれない。なにを試すかは経験（あるいは幸運）の問題で、だからこそ数学は面白い！

2. 数学的帰納法

数の行列についての定理を証明するには、数学的帰納法がよく使われる。これは以下の考えに基づく。行列から数をひとつ選んで、その数について定理が正しいことを証明するなら、行列の次の数について常に定理が成り立つことを示せばいい。それが正しければ、行列のすべての数について成り立つことになる。

たとえば、次の式を証明するとする。

$$1+2+3...+n=n(n+1)/2$$

つまり、この等式はnがどんな値であっても正しいことを示すわけだが、まずは特定の値のときに成り立つことを確かめよう。

n=2のとき、

$$1+2=2(2+1)/2$$

両辺を計算すると

$$3=6/2$$

つまり、nが2のときは正しいわけだ。つづく3でも正しいことを確かめるのはかんたんだが、やりたいのは特定の数を選んだとき、その次の数でも成り立つことの証明だ。つまり、どんな数を選んでも（仮にkとしよう）、次の数（k+1）でも成り立たなければならない。

いま確かめたのは、

1+2+…+k=k(k+1)/2

の式で、少なくともkがある値（たとえば2）をとるときについてだ。では、k+1をこの等式の両辺に足してみよう。

1+2+…+k+k+1=k(k+1)/2+k+1

次に右辺を変形する。最初は全体にかっこをかけて、

太陽は昨日も昇ったのだから、明日も昇るだろう。これが帰納法だ。一方、この写真では日食が起こっている。紀元前585年、最初の数学者タレスは、日食を事前に予測した最初の人間だ。

中の数をそれぞれ2倍して、全体を2で割る。

1+2+…+k+k+1=(k(k+1)+2k+2)/2
1+2+…+k+k+1=(k^2+k+2k+2)/2
1+2+…+k+k+1=(k^2+3k+2)/2
1+2+…+k+k+1=(k+1)(k+2)/2

もとの式

1+2+3…+n=n(n+1)/2

が、kについても、k+1についても成り立つことがこれで示せた。kにはどんな数をあてはめてもいいから、

「わたしは哺乳類ではなく、したがって人間ではない」

「もしわれわれがフランスにいるなら、われわれはヨーロッパにいる」
「われわれがヨーロッパにいないなら、われわれはフランスにもいない」

「もし鉛筆を持っていたら、それは文房具を持っていることになる」
「もし文房具を持っていなかったら、それは鉛筆も持っていないことになる」

この等式はすべての数について成り立つ。最初に証明したかった通りだ。

注意してほしいのは、どの証明にもいえることだが、数学の知識のほかの部分に頼っているということだ。たとえば、証明以前に $k(k+1)$ を k^2+k に展開できなければならず、かっこをふくむ掛け算がどう働くか、k の k 倍が k^2 であることも知っておかなければならない。

3. 対偶法

対偶法による証明の背景にある考え方は、納得するのがむずかしいかもしれない。下の文によって表されるような、論理式に基づいているからだ。

「わたしは人間だ、したがって哺乳類だ」

これらの文のセットは、みんな同じ構造だ。

「もしAなら、B」
「もしBでなければ、Aでない」

この文を読めば、ふたつの文が同じことを言っていることに気づくだろう。つまり、どちらか片方を証明すれば、もう片方もおのずと真なのだ。ふたつめの文は、ひとつめの文の「対偶」と呼ばれる。

対偶を次のような例で見てみよう。
「n^2 が偶数なら、n も偶数だ」

この文の対偶を取る。
「n が偶数でなければ、n^2 も偶数ではない」

これを証明できたら、もとの文も証明できる。

「偶数でない」これは「奇数」ということだ。対偶の文はこう書き換えられる。

「もしnが奇数なら、n²も奇数だ」

すべての奇数は次のように表せる。

n＝2k+1

kは整数だ。つまり、整数の行列…−2、−1、0、1、2…どこまでもつづく。したがって、たとえば奇数9は $9=2 \times 4+1$ と表せる。

n^2 についてはどうだろうか？　最後の等式の両辺を2乗したらわかるだろう。

$$n^2 = (2k+1)^2$$
$$n^2 = 4k^2+4k+1$$

この式を変形すると、次のように奇数を表す等式になる。

$$n^2 = 2(2k^2+2k)+1$$

かっこの中の部分、$2k^2+2k$ は整数だけでできているので、全体も整数になる。ということは、最後の等式はnについての等式と同じ形になる。

n＝2k+1

これは、n^2 も奇数になることを意味する。

いま証明したことは、もしnが奇数なら、n^2 も奇数だということだ。そしてこれは最初の文の対偶だったので、つまりはもともとの文も証明できたことになる。

対偶は、同じ論理を使った正反対の主張だ。

4. 背理法

この証明法は、定理が正しいのは矛盾を導かないからだという論理に基づいている。この種類の証明の有名な例を次に示そう。

1を除けば、整数はどれも合成数（ほかの整数の掛け算で表される数）か素数（ほかの整数の掛け算で表せない数）だ。5は素数で、それはほかの数の掛け算でできた数ではないからだ。一方6は、2×3 なので合成数ということになる。そして最後には、すべての合成数は素数の掛け算で表される。たとえば、$24=4 \times 6=2 \times 2 \times 2 \times 3$ だ。言いかえれば、あらゆる合成数は素数の因数（素因数）の決まった組み合わせでできている。

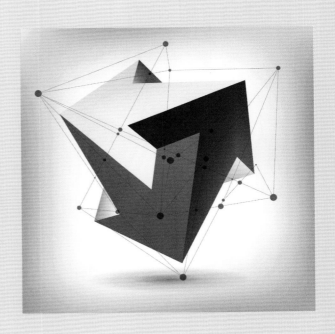

ユークリッドは後世に非常に大きな影響を与えた古代ギリシャの数学者だが、彼は2300年前に素数が無限にあることを証明した。左の図は、ユークリッドが学生たちに数学の問題のあらましを伝えているところだ。ユークリッドは素数の問題を、下に記したような代数を使う方法では行わなかった。そのかわり対照的にも、幾何学を用いて、線分の長さを比べた。ユークリッドは彼の著書『原論』でその証明についても述べているが、この本は執筆されて以来一度も廃れることはなく、現在も版を重ねている。

さて、ここで証明したい定理は

「素数の個数は無限である」

背理法では、まず証明したいことの逆「素数の個数は有限である」が真であると仮定し、次に矛盾を導く。

1. もし素数 (p) の個数が無限でないなら、すべての素数を掛け合わせることができるはずだ。その計算をして、最後に 1 を足したものを N とおくとこうなる。

$$p_1 \times p_2 \times p_3 \times ... \times p_n + 1 = N$$

N についていえることはなんだろうか？

2. N は素数ではない。すべての素数をならべたうえで、N はそれよりも大きい数だからだ。

3. つまり N は合成数だ。ということは、素因数をもつはずだ。

4. すでにすべての素数をならべているので、その中に N の素因数もあるはずだ。

5. しかし N を計算するには、ただ素数を掛け算するだけでなく、それに 1 を足さなければならない。

6. N は単に素数を掛け合わせるだけではできない。

7. ということは、N は合成数ではない。

8. すでに N は素数ではないことを示した。しかしいま出た結論では、N は合成数でもない。これは矛盾であり、つまりもともとの仮定「素数の個数は有限である」が誤っているのだ。

9. したがって、素数の個数は無限である。

5. 反例

この証明法を使う例はかんたんに見つかる。というのは、使える場合がそんなに多くないからだ。例を示そう。

「すべての素数は奇数である」

これが偽であることは、素数に2という奇数でない数が含まれることを示せば足りる。つまり、2はこの定理を反証する例だ。

上：ユークリッド『原論』の現存する最古のもの。紀元前1世紀ごろのパピルスの切れ端だ。

左：背景が水色以外の数が100以下の素数だ。すべて奇数に見えるが、まさに始まりの最初の素数（白の背景）こそが、素数がすべて奇数というわけではないことを示している。

82 - 81 - 80 - 79 - 78 - 77 - 76 - 75 - 74 - 73
83 - 50 - 49 - 48 - 47 - 46 - 45 - 44 - 43 - 72
84 - 51 - 26 - 25 - 24 - 23 - 22 - 21 - 42 - 71
85 - 52 - 27 - 10 - 9 - 8 - 7 - 20 - 41 - 70
86 - 53 - 28 - 11 - 2 - 1 - 6 - 19 - 40 - 69
87 - 54 - 29 - 12 - 3 - 4 - 5 - 18 - 39 - 68
88 - 55 - 30 - 13 - 14 - 15 - 16 - 17 - 38 - 67
89 - 56 - 31 - 32 - 33 - 34 - 35 - 36 - 37 - 66
90 - 57 - 58 - 59 - 60 - 61 - 62 - 63 - 64 - 65
91 - 92 - 93 - 94 - 95 - 96 - 97 - 98 - 99 - 100

参照：
▶代数学の基本定理
　…130ページ

ピタゴラス派の人々
The Pythagoreans

ピタゴラスの定理はまちがいなくもっとも有名な数学の定理で、最古のもののひとつでもある。実際、ピタゴラス自身が生まれるよりはるか前から知られていたのだ。ピタゴラスはおそらく、その定理を初めて証明した人物である。

ピタゴラスがすぐれた人物だったことは疑いないが、彼は当時最高に数学が発展した場所に生まれ、またもう二人の数学の中心人物と同時代を生きた幸運な人物でもあった。彼は紀元前570年ごろ、エーゲ海に浮かぶギリシャのサモス島に生まれた。20代当時、彼はエジプトを訪れ、以来22年間をその地で、彼が見いだした数学者や天文学者たちと交流して過ごした。その後紀元前525年、ペルシャ王カンビュセス2世の軍がエジプトに侵攻し、ピタゴラスは捕らえられた。その状況をどうやって有利に変えたのかはわからないが、彼はバビロニアで数学の研究を続けることに成功し、どうやってかその地の偉大な思想家たちへの接近をも果たした。12年後、彼はサモス島に戻った。その後56歳ごろ（当時の平均からすれば老人の年齢だ）に、彼は世界を変える準備を整えた。

音楽的数学

彼の革命は、一見ささいな発見に思えるものから始まった。ピタゴラスは、楽器の2本の弦をはじいて音がよく合うのは、一方の弦の長さがもう一方の2倍のときだということを発見した（2本の弦は同じ太さと張り具合で、同じ

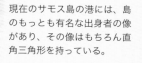

現在のサモス島の港には、島のもっとも有名な出身者の像があり、その像はもちろん直角三角形を持っている。

青年期を古代エジプトで過ごしたピタゴラスは、多くの学派の思想に触れた。

材質であるとする）。今日ではこの調和するふたつの音をオクターブと呼んでいる。ピタゴラスは、一方の弦がもう一方の3分の2の長さのとき、また4分の3のとき、5分の4のときも、ふたつの音は同じように調和することも発見した。一方、弦の長さの比の値が整数の分数にならないとき、調子が外れた音になる。

すべては数

　ピタゴラスはこの発見に強い印象を受け、数は存在するすべての中でもっとも重要だという考えに至った。事実、彼は宇宙のすべてが数によってできていると述べている。「数」とは、彼にとっては正の整数、

つまり1、2、3...と、正の整数をふくむ分数のことだった。彼が音楽をつくるのに重要であることを発見したのも分数だ。このような分数は有理数にふくまれる。ピタゴラスと、彼の弟子たちにとって、この数がどのように重要だったかは、rational number（有理数）のrationalが「論理的な」または「思慮深い」という意味であることからわかる。ピタゴラスは、有理数、そして定理と証明にかかわるタレスの構想に基づき、数学のしくみ全体をつくりあげたといわれている。

え（31ページのコラム参照）、どの数が不可欠な役割を果たすかについて宗教的体系をつくりあげた。彼らはその詳細を秘密にしていたため、現代のわれわれが知りうるのは、彼らがもっていた信念の断片にすぎない（33ページのコラム参照）。

まったく論理的でない

ピタゴラスにとって悲惨なことに、彼の偉大な数学上の計画は、まさに彼の名を冠する定理によって、すぐにトラブルに見舞われた。ピタゴラスの定理は直角三角形について成り立つ。もっとも単純な直角三角形は、短辺ふたつが同じ長さのものだ。これら短辺の長さを1とすると（センチメートル、キュビット、インチ、単位はなんでもいい）、長い方の辺（斜辺）は

$$a=\sqrt{(1^2+1^2)}=\sqrt{(1+1)}=\sqrt{2}$$

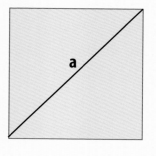

正方形は単純なふたつの直角三角形でできている。どんな正方形の対角線も有理数にはなり得ない。ピタゴラスの、自然、秩序、そして美は整数だけが表現できるという主張にもかかわらず、である。

イタリアへの移住

紀元前530年ごろ、ピタゴラスはクロトン（現在のイタリアだが、当時はギリシャ帝国の一部だった）に移住した。そこで彼は数学を教えた多くの学生たちを魅了したようだ。当時としては珍しく、男性も女性も加わることを許された。ピタゴラスの学徒たちは、宇宙の数学的秘密を解き明かすというピタゴラスの壮大な構想のために一斉に働き始めた。しかし、彼らは単なる数学の研究チームではなかった。数を崇拝し、数にすべての種類の聖なる力と魔術的な性質を与

とあらわされる。ここまで到達すると、次にピタゴラス派の人々が進まなければいけない課題は、$\sqrt{2}$の解明だ。2乗したら2になる数とはなにかを明らかにす

やってみよう！

ピタゴラスの定理を証明する

ピタゴラスの定理の証明は何百も存在する。これもそのひとつだ。

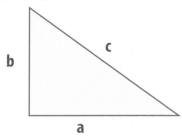

まず直角三角形の面積を出すことから始めよう。上にあるような直角三角形は、aとbの辺を持つ長方形を対角線で半分に切ることでできる。もとの長方形の面積はabだから、その半分である直角三角形の面積は$\frac{1}{2}$abだ。

では、このような直角三角形を四つ書いてみよう。面積の合計は$4 \times \frac{1}{2}$abだから2abだ。これを下のように並べてみる。

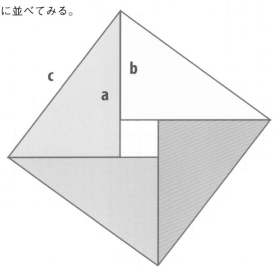

図形の左側にある垂線は、もとの三角形に等しいので、長さはaだ。その垂線の上の部分は隣の三角形の一番短い辺なので、長さはb。したがって下の短い部分の長さはa–bということになる。

これが、図形の真ん中にある正方形の一辺の長さだ。つまり真ん中の正方形の面積は$(a\text{-}b)^2$とわかる。

したがって、この図形全体（直角三角形四つと小さい正方形）の面積は

面積 = $2ab+(a\text{-}b)^2$

一方、この図形の辺の長さはすべてもとの直角三角形の斜辺なので、長さはcだ。

つまり、この図形の面積は次のようにも表せる。

面積 = c^2

面積にかんするふたつの式をまとめると

$2ab+(a\text{-}b)^2 = c^2$

左辺を展開すると

$2ab+a^2\text{-}2ab+b^2 = c^2$

整理すると

$a^2+b^2 = c^2$

これがピタゴラスの定理だ。

るのだ。しかしその試みは、想像に難くないが、失敗した。そんな数は存在しないからだ。ピタゴラス派の人々にとっては、整数比で表せる数以外は存在しないのだ。いくつかの記録によれば、ピタゴラス派の一人ヒッパソスが、√2は有理数でないことを発見し、教団から罰せられた。彼を溺れさせようと、乗っていた船を故意に難破させられたのだ。

実用を超えて

　今日のわれわれは√2の存在を受け入れていて、無理数と名をつけ、ピタゴラスが好んだ有理数と区別している（32ページのコラム参照）。この発見は驚くべきものだった。代数はとても実用的な分野で発達して

きた。たとえば測量は、すべてがデータの計測とその処理に負っている。図面上の土地の面積を、その形と外周の計測データからどうやって計算するか、というようなことだ。無理数の発見は、これらの計測値が厳密な数値にできるわけではないことを意味する。もし短辺が3と4の直角三角形があれば（繰り返すが単位はどうでもいい）、斜辺は5と計測できる。しかし、もし短辺同士が同じ長さ、たとえば100センチメートルだったら？　斜辺の長さをどう測ればいいのだろう？　短辺をセンチの目盛りがついた定規で測り、斜辺もおなじ定規で測っても、141センチメートルと142センチメートルのあいだだということしかわからないだろう。正確な長さはなんなのか？　もっと細かい目盛りの定規を手に入れて、1センチメートルの10

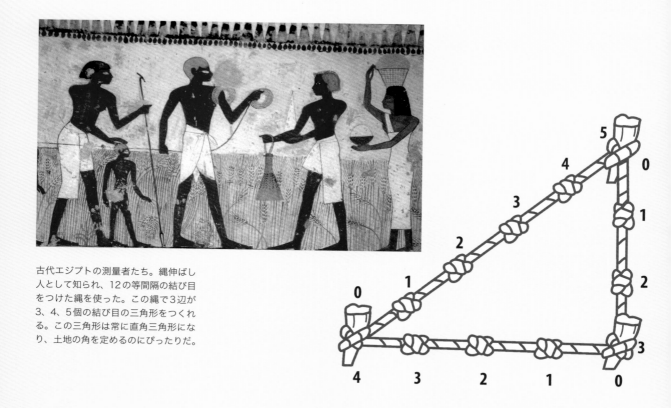

古代エジプトの測量者たち。縄伸ばし人として知られ、12の等間隔の結び目をつけた縄を使った。この縄で3辺が3、4、5個の結び目の三角形をつくれる。この三角形は常に直角三角形になり、土地の角を定めるのにぴったりだ。

多くの古代文化、または現代文化において、数には聖なる意味があると信じられていた。実際、今日に至っても、多くの人々は、13は不吉だと信じているし、自分のラッキーナンバーを持っている。これらを本気で信じている人はときに数秘術師と呼ばれる。彼らはたとえば、人名はすべて数に読み替えることが可能で、それぞれの数はその人にかんする秘密を隠していると信じる。しかし現代の数学者たちを数秘術師ということはない。一方、ピタゴラス派の人々にとっては、数学と数秘術は単に数を学ぶふたつの方法で、両方を同様に真摯に追求していた。彼らにとっては、もっとも聖なる魔力を持った数は10で、特に10個の点を並べた三角形は「テトラクテュス・オブ・ザ・デケイド（10個の点による四元数）」と呼ばれた。

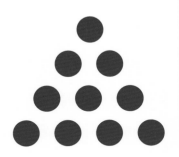

辺の長さを正確に測れることはない。1センチメートルの1千万分の1の目盛りがあっても、目盛りを読むのに顕微鏡を使っても、その長さは141.4213562センチメートルと141.4213563センチメートルのあいだだということしかわからない。

出口なし

それでは斜辺の長さそのものを目盛りにすればいいと思うかもしれない。定規にこの斜辺の長さどおりの目盛りを刻み、そのあいだを1000分割するのだ。しかしその定規で同じ直角三角形の短辺を測ったら、また同じ問題が生じる。短辺の長さは、斜辺の1000分の1を刻んだ定規の、707と708のあいだであることしかわからない。

どんな定規も役に立たない。ある種の長さは、正確な値が出せない。

分の1の目盛りで測ってみよう。そこでわかるのは、斜辺の長さは141.4センチメートルと141.5センチメートルのあいだだということだ。まだ正確ではない。もっともっと細かい目盛りの定規を使っても、どれだけその定規が優れていても、斜

数の種類

0をふくむ正の整数
0, 1, 2, 3 ...
の数列。

自然数
1, 2, 3 ...
の数列。0を含めるとする説もある。

整数
...−3, −2, −1, 0, 1, 2, 3 ...
の数列

有理数
整数比で表せる数。たとえば以下のようなもの。
...−12/5, −2, 0, 1/8, 2/3 ...

無理数
整数比で表せない数。たとえば以下のようなもの。
$-\sqrt{3}, \sqrt{2}, 3\sqrt{2}, \pi$

超越数
多項式の根になりうる数、たとえば、2次方程式 $x^2=2$ の解 $\sqrt{2}$ のような数がある。一方で、どんな多項式の根にもならない数、たとえば π のような数がある。これを超越数という。どんな数の範囲も超越しているからだ。

暴力的な終わり

　とはいえ、クロトンの有力者たちはピタゴラス派のメンバーに競って入りたがった。ピタゴラス派は強力な組織をつくりあげ、町を動かすほどになっていたからだ。ピタゴラス派の指導者の一人はミロというレスリングのチャンピオンで、ピタゴラスを崩壊する建物から救った人物だった。その建物は教団の主な会合場所のひとつだった。紀元前510年、クロトンと近隣の都市シバリスとの戦争が起こったとき、クロトン人を率いて戦ったのはミロだった。クロトンはシバリスを破り、ミロ、ピタゴラス、そしてピタゴラス派の立場はより強くなった。また一方で、サイロンという裕福で権力のある、かつ横暴な男がいた。彼が教団に加わりたいと申し出たとき、ピタゴラス派の人々は彼の行状を考えて参加を拒否した。その選択が致命的な結果を招いた。サイロンとその一味は、クロトンが教団に支配されているのはおかしい、民主的な手続きによるべきだと主張した。確執は暴力に発展し、紀元前508年、ピタゴラスはその晩年を過ごすことになるメタポンティオンに逃れた。ピタゴラス派の数人が殺されたが、多くはほかのギリシャ都市に逃れ、それぞれ集団を率いた。一方ミロは、オオカミの群れに食われて亡くなったという！

Column
ピタゴラスの戒律

　ピタゴラス派の人々の信念についてくわしいことがわかるわけではないが、彼らが守っていたという戒律についてはいくらか伝わっている。かなり奇妙に思えるものばかりだが。おそらく彼らは、戒律を宇宙の性質に従ってつくったと思われる。しかし、どのような考えに基づいていたのかは不明で、いまとなっては目的がわからないものばかりだ。

▲豆を避けよ
▲落ちたものを拾うな
▲白いおんどりをさわるな
▲パンをちぎるな
▲横木をまたぐな

▲火を鉄棒でかき混ぜるな
▲（パンや肉などを）塊のまま食べるな
▲花冠をむしるな
▲秤の上に座るな
▲心臓を食べるな
▲大通りを歩くな
▲屋根にツバメの巣を作らせるな
▲鍋を火から外したとき、灰に跡を残さず、かき混ぜておけ
▲光のそばにある鏡を見るな
▲寝具から起き上がるとき、寝具を丸めて、体の跡のしわを伸ばせ

参照：
▶図形と代数…34ページ

図形と代数
The Algebra of Shapes

有理数ではない数があるという発見は、数が真実に到達する信頼できる手段であるという信仰を打ち砕いた。そこで、その状況に応じて、ギリシャの数学者たちはより古いバビロニア時代の幾何学に立ち戻った。

ギリシャの新世代の数学者たちの中で、群を抜いて優れていたのはユークリッドだ。翻訳された彼の著書『原論』は、複数巻にわたって幾何学を扱った本だが、20世紀初期まで学校で幾何学を教えるのに使われていた。彼の死後2000年以上ののちまでもだ。

公理系を使う

『原論』は、今日では代数幾何学と呼ばれる新たな代数の誕生を示した。それは画期的なことだった。なぜなら代数幾何学は数学に、ある体系をもたらしたからだ。その体系とは、すべての定理が、いくつかの議論の余地のない前提「公理」によって証明されるというものだ。たとえば、ユークリッドのいう公理のひとつは次のように表せる。「もしa=bかつb=cなら、a=cである」。ユークリッド以来、偉大な数学者たちは彼の足跡をたどり、この盤石な前提に基づき、厳格な証明によってしっかり固定された「公理系」を発展させようとしてきた。

謎めいた人物

現代にまでユークリッドの業績が残っているのはすばらしいことである。しかし、びっくりするほど彼自身のことは知られていない。ほかのギリシャの数学者たちとちがい、ユークリッドについての伝記は書かれておらず、彼について残っているわずかな記録は死後5世紀経ってからのものだ。実際、彼の名前すら後年のギリシャ人たちが呼ぶことはほとんどなかった。そ

だれもユークリッドの外見を知らない。実在の人物かどうかさえも疑われているくらいだ。しかし彼は常にひげを生やした姿で描かれる。

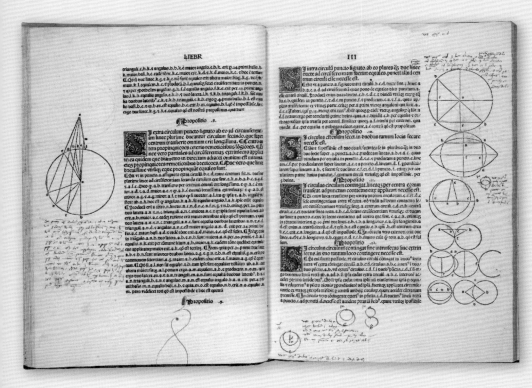

ユークリッドの『原論』は、宗教書を除けば史上もっとも成功した本だ。2300年前に最初に刊行されて以来、一度も廃れず読まれ続けてきた。

のかわり、彼は単に「『原論』の著者」と呼ばれていた。少なくとも、ユークリッドがエジプトの都市アレクサンドリアに住んで学び、古代においてもっとも偉大な知の宝庫だったアレクサンドリア図書館に出入りしていたことはわかっている。その図書館は50万冊近くの蔵書を持ち、その蔵書はパピルス（木材パルプではなく葦からつくられた紙）の巻物だった。その場所でユークリッドは、さらに前の時代の数学書だけでなく、ほかの学者や研究者たちとともに研究する機会を得た。

作図する

今日においても、数学の問題を解くのに図形は非常に役に立つ（37ページのコラム参照）。ユークリッドの手法はことに有用である。実際、どんな数学の問題もふたつの文房具があれば解決できると広く信じられてきた。コンパスとまっすぐな定規（目盛りのないもの。ギリシャの数学者は一見して確実な道具でなければ頼りたがらなかった）だ。ギリシャの数学者たちが定規とコンパスを使ってどんなに頑張って解こうとしても、その試みを跳ね返した問題はたった三つしかなかった（39ページのコラム参照）。

自然をモデル化する

アレクサンドリア図書館は、にぎわう港町に届いたすべての本の写本をつくることで知識を集めていった。

　ギリシャ人たちは自分自身のために数学の研究に興味を持っていたが、代数幾何学が、たとえば建築や天文学の分野で、現実に大いに役立つこともよく知っていた。ユークリッド自身が、天文学と、今日では幾何光学と呼ばれる、光にかんする実用的な問題を幾何学で解決する学問についての本を著した。ユークリッドの死後何世紀もたって、代数幾何学は科学者たちが使える中でもっとも強力な道具になっていた。ガリレオはもっとも偉大な科学者の一人だが、代数幾何学を彼の理論の発見と検証に使い、ギリシャ人自身がそうだ

ったように、宇宙は幾何学の法則に従ってつくられていると信じていた。1623年ガリレオは、科学についてこう書いている。「つねにわれわれの目に見える偉大な本──つまり宇宙のことだが──に書かれている。しかしわれわれは、それを記している言語と、記号の意味をまず学ばなければならない。その本は数学の言語で書かれていて、記号は三角形や円、またはほかの幾何学的な図形で、それらの助けがなければ一言

代数学ではしばしば恒等式の証明が必要になる。恒等式とは、ふたつの式がつねに等しい式だ。たとえば、

$$(a+b)^2 = a^2 + b^2 + 2ab$$

これは恒等式だ。この恒等式をはじめに証明したのはギリシャ人で、幾何学が使われた。

上の式を証明するには、長方形がひとつあればいい。どんな大きさでもかまわない。辺の長さをそれぞれ a と b とおくと、面積は ab になる。

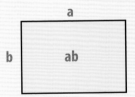

次に、短いほうの辺の隣に正方形を描き、長い方の辺にもそうする。それぞれの正方形の面積は a^2 と b^2 だ。

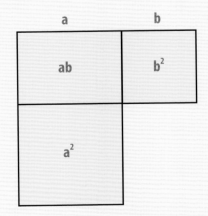

最後に、全体が大きな正方形になるように、長方形をひとつ足す。この長方形も辺は a と b になるから、面積は ab だ。

つまり、全体の大きな正方形は、図を見てわかるとおり、

面積 $= a^2 + b^2 + ab + ab$

整理して

面積 $= a^2 + b^2 + 2ab$

図を見ると、大きな正方形の辺の長さが $a+b$ であることがわかる。この面積はこう表せる。

面積 $= (a+b)^2$

どちらも同じ図形の面積を表すふたつの式をつなげると、

$$(a+b)^2 = a^2 + b^2 + 2ab$$

最初に証明しようとした恒等式になる。

ガリレオ・ガリレイは、物理法則をはじめて数学の言葉で示した科学者だ。

もつづることができない。もしそれらがなければ、暗い迷宮をむなしくさまようばかりだ」。

新たな手法

　代数幾何学は、微積分が発展した17世紀に一度勢いを失っただけだった。アイザック・ニュートンでさえも、重力と運動の研究に微積分を使いながらも、その論文を出版する際、研究結果の証明には幾何学を使ったのだ。

参照：
▶証明…16ページ
▶微積分…110ページ

ガリレオは上の幾何学的な図を「加速する物体がある距離を移動するのにかかる時間と、一定の速度で移動する物体が同じ距離を移動するのにかかる時間は、その一定の速度が加速する物体のもっとも速いときの半分であるときに同じになる」という彼の定理を研究するために使った。ここで垂直方向が時間、水平方向が速度、面積が移動距離を表す（距離＝速度×時間だから）。ガリレオは幾何学を、長方形ABFGの面積が三角形ABEと同じこと、つまり彼の定理が正しいことの証明に使おうとしたのだ。

三つの古典的な課題

　古代ギリシャ人たちは、コンパスと定規だけを使って、幾何学的な手法で問題を解くことにおそろしく長けていた。しかし、彼らにはどうしても解けない問題が三つあった。何度試してもだめだった。それ以来これらの問題は、コンパスと定規では解けないことが何度も確認されている。

1. デリアン問題

　伝説によれば、ギリシャのデロス島を疫病が襲ったとき、市民たちは神官にアポロ神の守護を願った。すると神官は、今の祭壇の2倍の大きさの、完璧な立方体の形の新たな祭壇を建てるよう言った。その結果、新たな祭壇が建てられ、それはもとの祭壇の幅と高さを2倍の長さにしたものだった。しかし疫病はつづいた。そこで彼らは、必要だったのは寸法が2倍の祭壇ではなく、体積が2倍のものだったと気づいた。すべきことは体積が2倍の祭壇の1辺の長さを求めることだ。そうすれば建てることができる。結局彼らは自身の道具、コンパスと定規に行き着いたが……現代の表記法で表すなら、この問題はこうなる。1辺の長さがaの立方体（体積はa^3になる）をおき、体積が$2a^3$になる新たな立方体の1辺の長さxを求める。

　式は$x = \sqrt[3]{2a^3}$だ。見ればわかるように、日常の計算では追いつかないような、2の根を求める式だ。

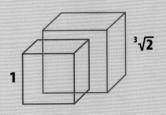

2. 円を正方形にする

　この問題は、ある円とまったく同じ面積の正方形を描くというものだ。現代の幾何学を使えばかんたんに表せる。$x^2 = \pi r^2$、つまり$x = \sqrt{\pi r^2}$

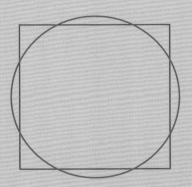

　さて、現代においても当時においても、xの正確な値を求めることはできない。πは超越数で、正確な値が表せないだけでなく、多項式の解にもならない数だ。自分たちが望むだけ近い近似値を求めることはできるが。

3. 角を3等分する

　これは古代ギリシャ人にとって、いかにも解けそうな魅力ある問題だったにちがいない。彼らは、コンパスと定規で角を2等分する方法は当然知っているからだ。しかし3等分はできないことが証明されている。

微積分前史
The Prehistory of Calculus

微積分は、科学が手にした最強の数学的道具だ。というのも変化を厳密に理解する唯一の方法だからだ。**急降下するヘリコプターから原子爆弾の爆発まで、また大陸移動から宇宙の膨張まで、変化は科学のすべてだ。**

　古代ギリシャ人たちは、変化にほとんど興味を持たなかった。彼らの科学研究はおもに図形にかんするものだったからだ。ただし、微積分につながるアイデアの種はいくつかあった。それは、ある種の空間から別の空間へ移動する方法について考える問題だった。ギリシャの思想家たちはその問題に魅せられていた。

次元を加える

　線分のような単純な図形を考えてみよう。線分の端と端をつなげば円になる。その線分の長さは$2\pi r$と表すことができ、rは円の半径で、長さを表す単位であるセンチメートル（記号はcm）などではかられる。円の面積はどうだろう？　公式はπr^2、単位はcm^2（平方センチメートル）だ。では、円を3次元にするとどうなるか？　答えは球だ。体積は立方センチメートル（cm^3）ではかれて、$\frac{4}{3}\pi r^3$で計算できる。これらの式に対して微積分はなにを教えてくれるだろうか。110ページ以降で触れるように、あるいは下の図にあるように、3次元の物体にかんする式を微分すると2次元

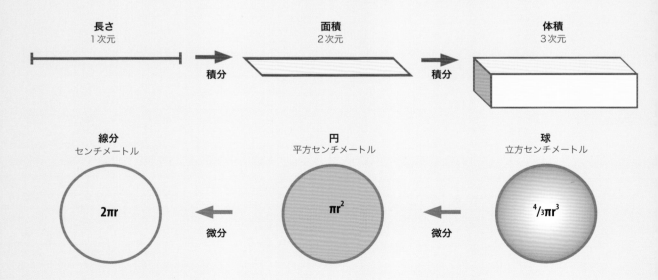

長さ 1次元		面積 2次元		体積 3次元
	積分 →		積分 →	

線分 センチメートル		円 平方センチメートル		球 立方センチメートル
$2\pi r$	← 微分	πr^2	← 微分	$\frac{4}{3}\pi r^3$

の物体にかんする式になり、さらに微分すると１次元の式になる。一方、積分すると逆の式が得られる。

円錐を切る

　微積分は特定の形、たとえばある図形が囲んでいる部分の面積を求めるのに役立つ。図形が囲む面積を求める問題は古代ギリシャ人たちにとっては挑戦的で、何人かは曲線を何本かの直線をつなぐ形に置き換えて長さをはかる方法を考案した。しかし、この問題について画期的な貢献をしたのはアルキメデスだ。アルキメデスは円錐の断面、つまり円錐をいろいろな角度で切り落としたときにできる図形に興味を持った。

曲線と、直線でできた図形

　断面のひとつは放物線になる。アルキメデスは放物線が囲む図形について知りたかった。放物線は少し三角形に似ているので、アルキメデスは放物線の中におさまる三角形について考えることから始めた。三角形の面積は $\frac{1}{2}bh$ で求められる。bは底辺で、hは高さだ。bが2メートルで高さが3メートルなら、面積は：$\frac{1}{2} \times 2 \times 3 = 3$ 平方メートルだ。しかし放物線が囲む面積はそれより広い。そこでアルキメデスの次の行動は、さらに三角形を加えてそれぞれの面積を計算し、合計することだった。アルキメデスはそれを、放物線に囲まれた図形の面積に近づけるまで何度も繰り返した。これは積分計算のやり方に似ている。曲線に囲まれた図形を小さな部分に分け、それをすべて合計するのだ。アルキメデスはπの値のかなり近い見積もりを出すのと同じ方法に行き着いたのだ（43ページのコラム参照）。

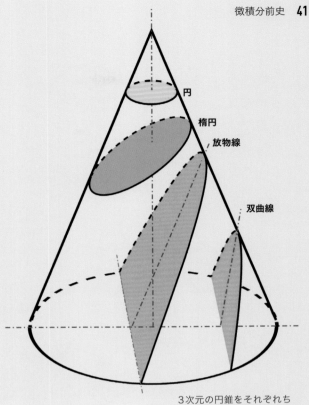

3次元の円錐をそれぞれちがう角度で切ると、4種類の2次元曲線ができる。

円
楕円
放物線
双曲線

ほかの道を行く

　アルキメデスは別の方向でも最初の一歩を踏み出した。彼は曲線上のある一点の傾きを求める方法を考えた。これは微積分につながる重要な方法のひとつだ。とはいえ、現代において使われている方法は、アルキメデス自身のものとはかなりちがう。

純粋な思考

　アルキメデスはまちがいなく古代でもっとも偉大な数学者だ。ほかの偉大な思想家たちのように、彼は複数の分野でまったく新しい発想を生み出した（その中

42

アルキメデスは、町をローマ軍の侵略から守る驚くべき武器を発明したといわれる。

工事の施工者たちにとって便利なものという価値しか数学に認めていなかった。純粋科学（なかでも純粋数学）にかんするアイデアは、応用科学にかんするものより、20世紀まで多く生き残っているようだ。

お風呂で大発見

ヒエロン王との親密な友人づきあいによって、アルキメデスは多くの応用科学研究を行った。もっとも有名な例は、金でできていると思われる王冠について、密度をはかることによって金の純度を出したことだ。その答えに至ったとき、つまり水の重さを王冠に置き換えてはかることを思いついたとき、彼は裸のまま通りに駆け出して「エウレーカ！」（「わかったぞ！」という意味）と叫んだという。これはありえない話に思えるが、彼は風呂から上がると、油を塗った体に、燃えかすの灰をつかって計算した内容を書くことがよくあったという。その逸話が真実なら、風呂の最中の大発見もあながち嘘ではないかもしれない。

武器としての数学

アルキメデスはヒエロン王に、数学は興味深いものであると同時に、実生活にも有用だということを実証したといわれている。港に滑車を組み合わせたしくみ

には現代でいう3次方程式の類も含まれる）。そのうちのいくつかはあまりに先進的で、同時代の人々には十分に理解できなかった。アルキメデスは天文学者の息子で、シラキュース（シチリアのギリシャ人集落）の王ヒエロンの親戚または友人でもあった。アルキメデスはその地で、紀元前287年に生まれた。ほかの古代ギリシャの思想家たちのように、アルキメデスは、現代でいう応用科学でなく、純粋科学に関心を持っていた。ギリシャ人は、思考と対話が知識を発展させるもっともよい方法だと信じている一方で、実体験や実測にはほとんど関心を向けなかった。この点はバビロニア人と大きくちがう。バビロニア人は、農民、会計士、

πの値を出すために、まずは円を描き、外側と内側でその円に接する正方形をふたつ描く。

辺の数を増やしながら繰り返してどんどん円に近づけていき、πのより正確な値に近づいていった。

円の差し渡しの長さを1としよう（単位はなんでもいい。センチメートルでもインチでもマイルでも）。円は外側の正方形に接しているので、この正方形の辺の長さも1だ。辺の長さの合計は4になる。これを正方形の周と呼ぶ。円はこの正方形の内側にあるので、円の円周（その長さはπになる）は正方形の周より短いはずだ。つまりπは4より小さい。

中の正方形の1辺を見ると、この辺はある直角三角形の斜辺にあたることがわかる。あとの2辺の長さはそれぞれ0.5だ。ピタゴラスの定理から、斜辺の長さは$\sqrt{(0.5^2+0.5^2)}$、つまり$\sqrt{0.5}$だ。

したがって小さい正方形の周の長さは$4\sqrt{0.5}$で、約2.828だ。よってπは2.828より大きい。この結果を短くまとめると、

2.828 ＜ π ＜ 4

これは正確な概算とはいえない！　そうはいっても、円は正方形とはずいぶんちがう図形なのだ。正確さを増すために、アルキメデスはこの方法を、図形の

この方法の有利な点は、なにもはかる必要がないということだ。この図形の目的は、なにをやっているかを示すことだけだ。一方、この方法の不利な点は、図形の周を求める計算がどんどん面倒になっていくことだ。六つの辺の図形を例にすると、この図形の1辺の長さは三角法を用いて計算できる。

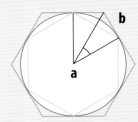

この課題はアルキメデスにとってはずっと困難だった。この種の三角法はまだ発明されておらず、彼はもっとずっと不格好な幾何学の方法を使って値を求めるしかなかった。つまり彼の技術というより忍耐力に多くを負いつつ、アルキメデスは九十六角形まで到達したのだ。

その結果、アルキメデスはπの値に3.1418まで近づいた。正しい値3.14159265...と1万分の2しかずれていない。

3次
方程式

アルキメデスは現代の数学記法が生まれるはるか前に生きた人物だ。彼は3次方程式を解くために幾何学を使った。3次方程式の次数は3で、三つの解をもつ。今日の書き方で3次方程式を表すとこうなる。

$$ax^3+bx^2+cx+d = 0$$

a=2、b=−1、c=−1、d=0のとき、式はこうなる。

$$2x^3-x^2-x = 0$$

$y=2x^3-x^2-x$でxのとる範囲を適当に定めると、次のようなグラフが描ける。

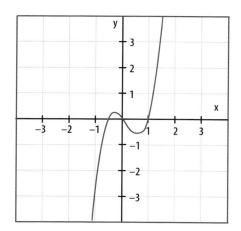

この方程式の解（または根、零点）は、グラフ上のy=0となる点にある。x軸とグラフの交点だ。つまり解は、−0.5、0、そして1になる。

をつくったのだ。その滑車に荷をいっぱいに積んだ船を縄で結びつけると、アルキメデスは滑車を使い、船を片手の力だけで引き寄せた。このひとつの発明だけで、数学はだれも想像できなかったほど役に立つことを証明したのだ。その後、アルキメデスが住むシラキ

アルキメデスは激怒したローマ兵に殺された。その理由は、アルキメデスがローマ兵の命令に従わなかったからだ。

ュースは、勢力を伸ばしつつあったローマ帝国と何度も衝突した。紀元前212年には、ローマのガレー船で武装した軍隊に港を包囲された。アルキメデスはそのとき70歳、当時の平均からするとかなりの老齢だったが、町の防衛を助けた。鉄の爪がついたクレーンを、彼が考案した組み合わせ滑車にとりつけ、ガレー船を引き寄せて破壊しようとしたのだ。彼の滑車はレバーを使っていたと思われる。アルキメデスは「てこ

の力」を示したことで有名だった。彼は言った。「十分に長いレバーと足場さえあれば、世界も持ち上げてみせる」。彼はまったく新しい種類の船攻撃用発射台も発明し、さらには大量の曲面の鏡を使い、ガレー船の帆に太陽の光を集めて燃えあがらせたりもした。

数学のために死す

　アルキメデスの尽力で、一旦はローマを撃退することができた。しかし、それからいく日も経たないうちに、ローマ人たちは町の祭りの日、住民たちが祝いに夢中なときを狙って町に侵入しようとした。ローマの将軍マルケルスは、アルキメデスを生け捕りにするよう命令したが、ローマ兵が彼を発見したとき、アルキメデスは砂に描いた幾何学の問題を解くのに忙しく、彼の円に足を踏み入れないよう注意した。激怒したローマ兵は、生け捕りの命を忘れてアルキメデスを殺してしまった。

参照：
▶ 3次元…54ページ
▶ 代数幾何学…92ページ

アルキメデスは滑車の機械効率、もしくは軍事力を増す効果について実証した。たったひとりの力で、船を引いて水上を渡らせたのだ。

等式
Equations

無理数の発見をきっかけに、数学の問題を解くときに幾何学を使う手法が好まれるようになった。しかしそれは一時的な流行だった。

実は、幾何学の手法には多くの限界がある。たとえば三つの値を掛け算する場合、幾何学の手法では、それらの値と同じ長さの辺を持つ直方体の体積を計算することになる。この方法は明快で単純だが、応用範囲は狭い。たとえば四つの値を掛け算することはできない。4次元の物体は存在しないからだ。

幾何学を超えて

一方、ゆっくりではあったが、進歩は始まっていた。紀元1世紀のいつごろか、ギリシャの数学者ヘロン（ヘーローとも呼ばれる）は、何冊かの技術書を著した。そのうちの1冊で、彼は三角形の3辺の長さから面積

ヘロンの三角形の公式は、幾何学の思考に代数学の技法が加わって統合された初期の例だ。

DIOPHANTI
ALEXANDRINI
ARITHMETICORVM
LIBRI SEX,
ET DE NVMERIS MVLTANGVLIS
LIBER VNVS.
CVM COMMENTARIIS C. G. BACHETI V. C.
& obseruationibus D. P. de FERMAT Senatoris Tolosani.
Accessit Doctrinæ Analyticæ inuentum nouum, collectum
ex varijs eiusdem D. de FERMAT Epistolis.

OBLOQVITVR NVMERIS SEPTEM DISCRIMINA VOCVM

TOLOSÆ,
Excudebat BERNARDVS BOSC, è Regione Collegij Societatis Iesu.
M. DC. LXX.

を求める方法について説明している。これは幾何学の問題のように見えるが、ギリシャの幾何学では十分に表現できないものだ。なぜなら四つの値が関係するからだ。3辺の長さをそれぞれa、b、c、四つめの値をdと表す。d=(a+b+c)/2だ。現代の表記法では、ヘロンの三角形の公式はこうなる。

ギリシャ人ディオファントス
が1900年前に書いた『算術』
は、幾何学の礎といわれる。

面積＝√(d(d-a)(d-b)(d-c))

ヘロンは、彼以前のすべての数学者同様、彼の本を言葉と数字で綴っている。現代人が読み解くのはとてもむずかしい本だ。この意味で、数学はその最初期からほとんど進歩していなかったといえる。

数学の言語

この状況は、ギリシャの数学者ディオファントスによって大きく変わった。ディオファントスについて現代まで伝わっていることはほとんどない。何世紀に生きていたかもわからないが、少なくとも彼が生まれたのは2世紀か3世紀だといわれている。われわれが知りうる彼の来歴はとても少ない。そのひとつは、長く

Column
等式の種類

数学において等号（=）が使われたら、それは等式だ。

x+1＝4

未知数を1種類ふくむ、x+1=4のような式を決定式という。xの値はすでに等式の中で定まっているからだ。対して不定方程式とは、ふたつ以上の未知数を持ち、未知数のそれぞれの値がその等式だけでは定められないような式だ。例はx+y=4である。

ふたつかそれ以上の変数を持つ式を公式という。たとえばv=d/tという式には、速度(v)、距離(d)、時間(t)という三つの変数が関係する。

したがって、**x+1＝4**は公式ではない。

両辺に同じ変数があって、変数の値がなんであっても成立する等式のことを恒等式という。

2(a+b)＝2a+2bが例だ。

変数の集まりで等号がない式、たとえば7×3は等式ではなく式という。関数はひとつの値を入れると必ずひとつの値が出てくる式だ。関数f(x)=x²にx=2か-2を与えると、4という値が出てくる。

記号 ≈ はときどき等式の中で使われる。この記号の意味は「だいたい等しい」だ。たとえば、
π≈3.14159

行方が知れなかった彼の墓碑銘だ。不幸にもそれはパズルの形式で書かれていて、パズルとして解きやすくするために事実が改変されている可能性は十分にある。

> 「ディオファントスここに眠る。この驚異の人を見よ。代数学の技において、この石は年齢を語る。神は彼に一生の6分の1の少年時代を与えた。あごひげが生えそろうまでの期間は12分の1。その後結婚するまでにさらに人生の7分の1がすぎ、5年で元気な男の子が生まれた。悲しきかな愛しき神と聖人の子は、父の半分も生きないうちに天に召された。ディオファントスの運命を数の科学が4年にわたって慰めたのち、ディオファントスは生涯を終えた」

ディオファントスは何歳で死んだかわかるだろうか？ 答えは84歳だ。本当のところ、数の問題の表記と解法が言葉で語られることを誰よりも排除しようとした人の墓碑銘とは思えない。ディオファントスの代数学への最大の貢献は、等号をふくむ記号による表記法を取り入れたことだ。結果として、ついに等式や正負の指数などの記号を書き表せるようになった。

未来の数学のタネ

現代のわたしたちがディオファントスの著書『算術』を読むと、数学においてなにか新しいことを発展させるのは、誰にとってもどれだけ難しいことかがはっきりする。『算術』には新しい数学を示すヒントがちりばめられているが、その多くをディオファントス自身が発展させることはできなかった。彼についてわかっていることは非常に少ないため、それがなぜかは

ヘロンはアイオロスの球の発明者としても知られる。初期の（しかし精巧に仕上げられた）蒸気機関だ。

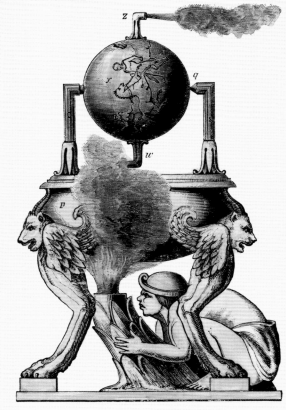

やってみよう！

マイナス×マイナス＝？

　本当のところ、ディオファントスは負の数を問題の答えとは認めず、単に計算の段階として扱い、つまり彼はマイナスの掛け算という概念に取り組まなければならなかった。負の数と正の数を掛ければ負の数になるのは明らかだったのに対して、ふたつの負の数を掛け算したら正の数になるか負の数になるかは不明だった。最終的にディオファントスは正の数になると判断したが、それを証明することはなかった。

$$+ \times - $$
$$- \times + $$
$$+ \div - \Bigg\} -$$
$$- \div + $$

$$+ \times + $$
$$- \times - $$
$$+ \div + \Bigg\} +$$
$$- \div - $$

　一方、以下は証明の例だ。証明したいのは

$$(-a)(-b)=ab$$

　数xを定めよう、xとは、

$$x=ab+(-a)b+(-a)(-b)$$
（これを等式1とする）

　まず、bを式から取り除こう。

$$x=ab+(-a)b+(-a)(-b)$$

$$x=b(a+(-a))+(-a)(-b)$$

$$x=b(0)+(-a)(-b)$$

$$x=(-a)(-b) \quad 等式2とする$$

　等式1にもどって、つぎはaを式から取り除く。

$$x=ab+(-a)(b+(-b))$$

$$x=ab+(-a)(0)$$

$$x=ab \quad 等式3とする$$

　等式2と等式3は、xと等しいふたつの式を示している。だからこのふたつの式どうしも等しいはずだ。

　つまり

$$(-a)(-b)=ab$$

　証明したかった式が得られた。

わからない。おそらくディオファントスは、自分の発想の真の価値に気づいていなかったか、また周囲の人々から「あり得ない」と一笑に付されるのをおそれていたかもしれず、あるいは人々に理解させようとしてうまくいかずあきらめたのかもしれない。ディオファントスは未知数1種類についての記号を紹介しただけだった。したがって、x=2にあたる等式は書けたが、x+y=2は書けなかった。この事実の奇妙なところは、

Column
方程式を代入で解く

下の連立方程式の正の整数解を求める。

$$x^2+y^4=20 \; ; \; y^4=4x^2$$

ふたつめの方程式をひとつめに代入する。

$$x^2+4x^2=20$$

$$5x^2=20$$

よって

$$x^2=4 、 x=2$$

そして、このxの値をふたつめの式に代入する。

$$y^4=4x^2$$

$$y^4=4(2^2)=16$$

よって

$$y=2$$

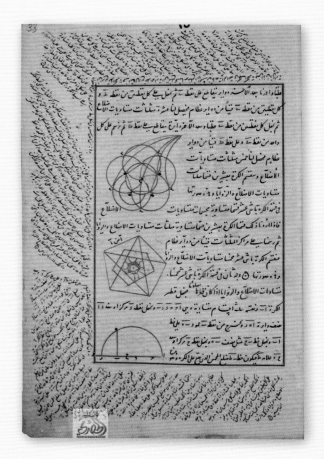

『算術』はギリシャ語からアラブ語に訳され、1000年前のイスラム世界の数学に大変な影響を与えた。

複数の種類の未知数を含む問題について、ディオファントス（およびさらに以前の数学者たち）は非常によくわかっていたはずだということだ。しかしディオファントスがこのたぐいの問題を議論するとき、言葉による伝統的な表現方法以外の選択肢を持たなかった。現代のわれわれから見れば、いまでいうxにあたる記号を発明したならyやzもという発想に至るのは自明に思えるのだが…。

ディオファントスの謎

ディオファントス方程式は、正の整数の解しか認めない。多くの現代の数学者たちがこれらの方程式に取り組んでいる。それは素数の研究も含んでいる。ディオファントス方程式を研究することは単純な作業に思える。たとえば、$a^x+b^y=c$ について、xとyの正の整数の値しか考えなくてよいなら、それはずっとかんたんなんだろう。

つまり、奇怪なことについて考える必要はないのだ。$a^\pi+b^{-55.0098}=c$ とか。しかし、この単純さにごまかされてはいけない。たとえば、$2^3=8$ と $3^2=9$ を考えてみよう。8と9は連続する整数、かつ両方がある整数の累乗である唯一の組み合わせだろうか？　この問いかけは1844年、ベルギー人の数学者ウジェーヌ・カタランによってなされた。その答え（イエス）は2002年になってやっと、プレダ・ミハイレスクによって証明された。

ディオファントス問題のいくつかはまだ解かれていない。たとえば、ピタゴラスの定理を満たす正の整数の組み合わせはピタゴラス数といい、（3、4、5）や（5、12、13）などがある。もしこれを3次元に拡張して、それぞれの面が、辺の長さがすべて正の整数の直角三角形を合わせたものでできている直方体をつくったらどうなるか？（直方体は六つの長方形の面を持つ3次元図形）。

この場合、面のひとつはこのように見えるだろう。

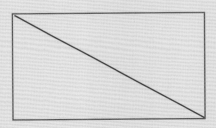

ウジェーヌ・カタランはディオファントスの遺産について、150年ほど前に静かに考えつづけていた。

そして直方体全体はこんなふうだろう。

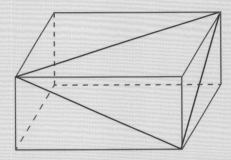

これらの直方体（オイラーの煉瓦）を発見するのは本質的にむずかしい。当てはまるもっとも短い辺の長さの組み合わせは44、117、240だ。しかしここからが挑戦だ。完璧な直方体は、オイラーの煉瓦で、対向する角までの距離（中央対角線と呼ぶ。図の緑色の点線）も正の整数なのだ。

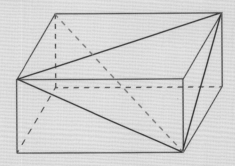

今までのところ、だれもこの組み合わせを発見できていない。

平方数の足し算

ディオファントスの『算術』はもとのギリシャ語からラテン語（当時の学者たちの共通言語）に1621年に訳された。このラテン語版は当時のたくさんの数学者たちに影響を及ぼした（たとえばフェルマー。99ページ参照）。影響を受けた最初の人物は、翻訳を行ったクロード・バシェだ。彼はまず、『算術』に隠された、当時の段階をはるかに超えた驚異的な発想に注目した。そのひとつは、正の整数は多くて四つの平方数（ある数を2乗した数）の和であるという仮説だ。たとえば$21=4^2+2^2+1^2$、また$127=11^2+2^2+1^2+1^2$だ。

この仮説は結局1770年、ジョゼフ＝ルイ・ラグランジュによって証明された。彼は現在ではラグランジュの四平方定理で知られる。しかしこれで完結とはならなかった。同じ1770年、エドワード・ウェアリングはほかのすべての指数についても成り立つのではないかと指摘した。そして1909年、正の整数は最大九つまでの3乗の数の合計で表されることが証明された。また同じ1909年、ダフィット・ヒルベルトが、ウェアリングは正しかったことを証明した。すべての正の整数nについて、別の数mがあり、どんな正の整数でも、少なくともm個のn乗の合計として書き表せる。しかしこの証明では、どうやってmの値を求めればよいかはわからなかった。ようやく1986年になって、n=4のときのmの値が19であると判明した。つまり、すべての正の整数は、最大19個の4乗の数の合計で表せる。

ジョゼフ＝ルイ・ラグランジュは、フランスの数学界で指導的な役割を果たした。

進歩を止める

ディオファントスは負の数においてもよく似た問題を抱えていた。彼はたしかに4=20+4xのような方程式に取り組み、負の数の理解にかなり近づいていた。しかし、x=−4という結論を出す代わりに、彼はこの解決には理がないと断じてしまった。ディオファントスは『算術』の中で、指数のついた数どうしを掛け算することは、指数の足し算と同じだと示している。たとえば

$$x^2 \times x^3 = x^{(2+3)}$$

したがって、たとえば$100 \times 1000 = 100000$となるこれは対数（129ページ参照）の考え方の背景になるが、ディオファントスはそこまでは到達しなかった。

先を越されたディオファントス

ディオファントスは等式を扱う際の規則を提案した。両辺に足したり引いたりする場合のことだ。つまり、たとえばx+2=5を解くとき、両辺から2を引いてx=3を出す。彼は代入（50ページのコラム参照）という非常に強力な考え方をその規則に含めなかったが、実際には代入を使っている。現代数学の立場から見れば、『算術』の登場はほかの意味でも数学の重要な節目となった。『算術』は数学における体という概念を紹介した記念すべき本だからだ。体はあるきまった種類の数（有理数、実数、あるいは複素数など）、その操作（足し算、引き算、掛け算、割り算）と規則（「a+b=b+a」など）で構成される。高度な代数は、体と体どうしの関係について扱う。ディオファントスは同時代の数学者たちより多くの点で秀でていたが、遅

れているところもあった。ディオファントス以前の数学者たち、ピタゴラスまでさかのぼるが、彼らは一般解という考え方になじんでいた。$a^2=b^2+c^2$を満たすひとつの解は$a=5$、$b=4$、$c=3$だが、ほかにもたくさんある。しかし、ディオファントスは一般解を認めなかった（少なくとも残っている彼の本には記述がない）。バビロニア人と同様に、ディオファントスは質問と答えの例を多く挙げることだけに腐心したが、一方、ある種の問題には複数の答えがあり得ることにも言及している。

1970年、ロシア人ユーリ・マサチェビッチは以下のことを示した。つまり、ひとつひとつ検算することなく、ディオファントス方程式が整数解を持つかどうかを知ることはできないということだ。これによってヒルベルトの第10問題（下参照）は解かれた。

$$3x^2 - 2xy - y^2z - 7 = 0$$
$$x^2 + y^2 + 1 = 0$$

時は来た

おそらくディオファントスの考え方は同時代のはるかに先を行っていた。何世紀ものあいだ、数学者たちはディオファントスの発見にほとんど関心を持たず、あいかわらず彼らの問題を言葉で書き表し、ディオファントスの先見性を無視していた。アラビアの数学者たちは実際いくらかディオファントスの発想を利用したが、ヨーロッパにおいては16世紀まで、ディオファントスの記号による表記法やその他の業績が取りあげられ、発展することはなかった。部分的には『算術』のおかげで、数学者たちはまったく新しい数学の方法を発展させることができ、不格好な文章や手間のかかる作図に拘束されることはなくなった。そのため、ディオファントスは代数学の父と呼ばれるのだ。

1900年、ドイツ人数学者ダフィット・ヒルベルト（写真前列の左から3番目）は23問の傑出した問題の一覧をつくりあげた。それは新世紀の始まりにあたっての、数学界への挑戦だった。第10問題とは、ディオファントス方程式が整数解を持つかを判断できる方法を示せるかというものだった。

参照：
▶ ウマル・ハイヤームと
　3次方程式…64ページ
▶ 微分方程式…116ページ

3次元
The Third Dimension

直 線や曲線を、軸を中心に回転させたら、回転体と呼ばれる図形ができる。たとえば三角形を、1辺を軸として回転させたら円錐ができる。

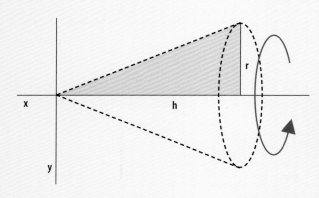

長方形を回転させたら円柱になる。

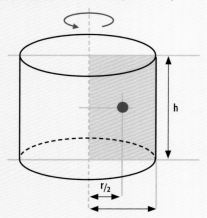

トランペット、ボール、バット、細い瓶、皿、卵、広口瓶……これらはすべて対称軸を持つ立体だ。

　対称の軸を持つ図形（ボール、広口瓶、ボトル）ならなんでも回転体と考えることができる。

パップスの記録

　これらの図形の体積と表面積を数学的に求めることは、微積分学の応用として重要だ。しかし、これが考え出されるはるか前に、アレクサンドリアのパップスは、代数学でも、少なくとも単純な図形についてはそれができることを示した。パップスについてわかっていることはほとんどない。エジプトのアレクサンドリアで教師の仕事をしていたという事実だけだ。息子の名はヘルモドラスだったという。ただしほかの古代ギリシャ人にかんする「事実」は本人以外の書いた伝記に基づいて書かれているが、それらとはちがって、パップスにかんする情報については正確だといえる。パップス自身が書き残した内容だからだ。パップスがいつごろの人かについてもだいたいのところはわかっている。彼が太陽の軌道について言及したのは、記録によれば320年である。彼の発言は411年ごろに書かれた本に引用されている。

次元をつなぐ

　パップスは、立体図形を平面図形を回転させたものととらえていた。そこで彼は同じことを代数的にできないかと考えた。平面図形の公式を「回転」させることによって、立体図形の公式をつくり出そうとしたのだ。回転体の体積を計算するためには、回転円の半径、つまり回転軸から平面図形の中央までの距離をはかる。長方形のような単純な図形なら、図形の中央を見

ドーナツの中身はなに？

　リングドーナツは数学の世界ではトーラスと呼ばれる。パップスの定理を使って体積を出すには、この図形を「分解」できればかんたんだ。トーラスを輪切りにすると、断面に半径rの円が見える。この円をより大きな半径Rの円に沿って回転させればトーラスができる。

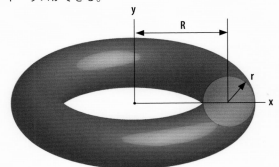

　したがって、パップスの第2定理（57ページ参照）より、トーラスの体積は（回転させた図形の面積）×（図形が回転した軌道の長さ）で

$$\pi r^2 \times 2\pi R$$

つまり $2R\pi^2 r^2$

つけるのはかんたんだ。半分の距離、$\frac{1}{2}$rのところだ。したがって、回転円の面積は$2\pi\frac{1}{2}$r、整頓してπrだ。

次に回転円の面積に長方形の面積hrを掛ければ、長方形を回転させてつくった円柱の体積が出る。$\pi r^2 h$だ。

中央を見つける

もっと複雑な平面図形、たとえば半円（回転させれば球になる）では、中央の位置は明らかではない。この中心は重心の概念で決まる。重心はおそらくアルキメデスが発明したものだ。図形の重心は、その図形のパネルがつりあう点のことだ（重力の中心としての

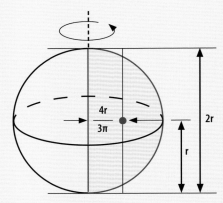

球は半円の回転体である。

ほうがよく知られているかもしれない）。したがって、その図形の重心に糸をつけて吊り下げたら水平になるだろう。半円であれば、重心は直線の辺から$\frac{4r}{3\pi}$の距離にある点だ。回転円の円周、つまりは回転図形の

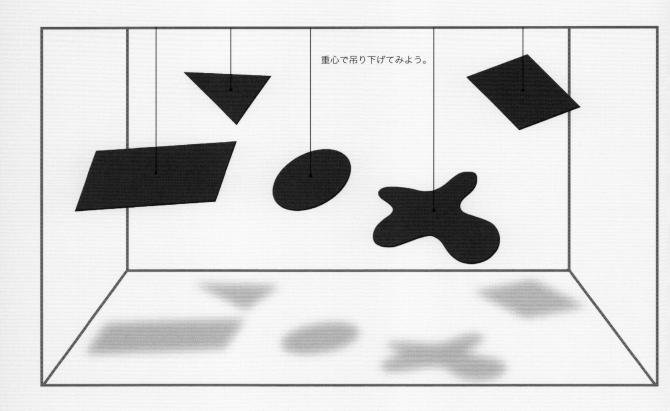

重心で吊り下げてみよう。

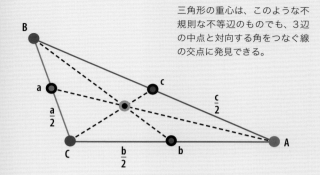

三角形の重心は、このような不規則な不等辺のものでも、3辺の中点と対向する角をつなぐ線の交点に発見できる。

軌道の長さは $2\pi\left(\frac{4r}{3\pi}\right)$、回転円の面積は $\pi\frac{r^2}{2}$ になる。回転体の体積は「軌道の長さ」×「平面図形の面積」で $2\pi\left(\frac{4r}{3\pi}\right)\pi\frac{r^2}{2}$、したがって $\frac{4}{3}\pi r^3$ となる。

まずは第2定理

　以下がパップスの第2定理を現代の用語で表したものだ。

　図形を外側の回転軸を中心に回転させてできた回転体の体積はもとの図形の面積ともとの図形の重心が移動した距離を掛けたものに等しい。

　ここでいう「外側」は、回転軸はもとの図形を通ってはいけないという意味だ。この定理はかなり複雑な図形でも使える（55ページのコラム参照）。回転体に対するこのとらえ方は、ルネッサンス期の美術にも影響を与えた（59ページのコラム参照）。

表面の種類

　パップスは回転体の表面積をどう計算するかも示した。数学の通常の手続きとして、なにを求めたいの

かについてはかなり正確に認識しなければならない。もし円柱の曲面部分だけに関心があり、たとえば筒をつくるのにどれだけの材料がいるかを知りたいなら、その面積は回転軸の長さ（長方形の高さ）に回転円の長さ（円周）を掛ければいい。この円の半径は、またもや登場した重心によってきまるが、この場合の重心は回転する図形の縁であって（つまり半径は r）回転する図形の重心ではない（この場合半径は $\frac{1}{2}r$）。したがってこの場合、回転円の円周は $2\pi r$ だ。これを回転軸の長さ h と掛けて、答えはこうだ。$2\pi rh$。

第1定理

　円柱の表面全体の面積を求めたいなら、円柱の端の円盤部分も足さなければならないだろう。この円の面積はどちらも πr^2 だ。したがって、表面全体の面積は

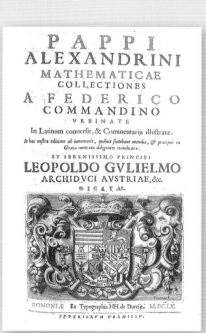

新たな数学研究を活気づけるため、パップスは12巻からなる『数学の蒐集』を著した。

パップスの六角形定理

ふたつの定規を持ち、それぞれにどこでもいいので三つの点を打つ。以下のように点に名前をつける。

定規を床に落とす。点の位置はいまやランダムだ。
点P1から点Q2と点Q3、点P2から点Q1と点Q3、点P3から点Q1と点Q2にそれぞれ直線を引く。

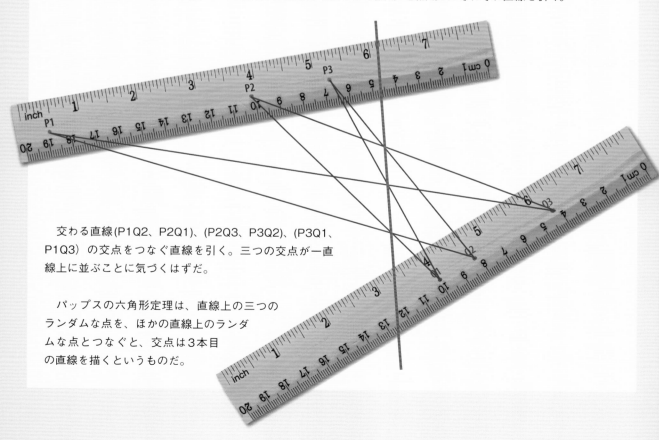

交わる直線(P1Q2、P2Q1)、(P2Q3、P3Q2)、(P3Q1、P1Q3) の交点をつなぐ直線を引く。三つの交点が一直線上に並ぶことに気づくはずだ。

パップスの六角形定理は、直線上の三つのランダムな点を、ほかの直線上のランダムな点とつなぐと、交点は3本目の直線を描くというものだ。

$2\pi rh+2\pi r^2$ だ。現代の用語でいえば、回転体の表面積は、パップスの第1定理よりこのように計算できる。

　外部の回転軸を中心にした曲線上を回転して得られた回転体の表面積は、回転した曲線の長さと、曲線の幾何学的重心が移動した距離の掛け算に等しい。

　パップスの発見には、ほかに六角形定理がある。数学と科学のおもな目的は「混沌とした状況に秩序を見いだす」ことだ。六角形定理は、この目的に見事に合致する最古の例のひとつである（左のコラム参照）。

影が落ちる

　現代に残されたパップスの記述によると、彼は近年の数学の発展が鈍いことを嘆いている。当時、ギリシャ帝国は衰退の過程にあり、彼の住むアレクサンドリアはローマ帝国の一部になっていた。ローマ人は新たな数学にあまり関心を持たなかったようで、ローマ帝国もまた崩壊し始めると、西欧は教育や文化の行き届かない土地になった。この時期を暗黒時代という。

参照：
▶最大を求めよ
　…86ページ

Column
回転体の美

　平面図形を回転させて3次元の図形をつくるという発想は、下のような図形を遠近法で描こうと苦闘する芸術家たちに大きな利益をもたらした。この花瓶の造形は15世紀半ばのイタリアの芸術家、パオロ・ウッチェロによるものだ。

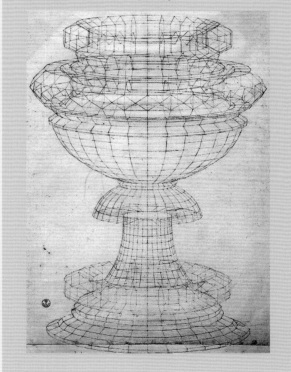

古代アレクサンドリアの繁栄は、パップスの時代を最後に終わりを迎えた。18世紀まで残されたものはポンペイの塔だけだった。その塔はいまでも建っている。

東へ進んだ代数

Algebra Moves East

バグダッドの知恵の館で、
代数学は国際的に使われ
る数学技術となった。

ア レクサンドリアはエジプトの小さな町として始まったが、ギリシャ、その後のローマと続けて支配されることで大きくなった都市だ。何世紀ものあいだ、アレクサンドリアは数学の世界最大の中心都市であり続けた。

しかし5世紀には、アレクサンドリアの数学は終わりを迎えようとしていた。415年、女性数学者にして天文学の教師だったヒュパティアが、キリスト教徒の群衆に殺された。宗教紛争と市民暴動のさなかのことだ。多くの学者が身を守るためアレクサンドリアを離れた。641年、アレクサンドリアはイスラム世界の拡大とともにその一部に組みこまれた。町を支配するイスラム教徒たちはギリシャ世界の数学知識を学び、発展させた。バグダッドは762年、一時的にイスラム帝国の首都となったが、それはバグダッドが新たな知の中心地になることを意味した。

知識の中継地

ギリシャの数学と科学に加えて、バグダッドの学者たちはペルシャ、インド、中国の文化にも頼っていた。

アル＝フワーリズミーの著書の
アラビア語の書名から、代数学
（algebra）という言葉が生まれた。

やってみよう！

アルゴリズム

　今日、アルゴリズムという言葉はコンピューターを使って計算をする場合の手順を示している。

　コンピューターとちがって、人間は数学の問題の大半を、解く方法の説明を受けずに解くことができる。たとえば、いくつかの点を通る曲線を引くのは数学的に非常に複雑な課題だが、多くの人はフリーハンドできれいな曲線を引くことができる。

　同様に、右の図形の面積がどのくらいかわかるだろうか？　求める方法のひとつは、図形を三角形ふたつ、長方形ひとつ、半円ひとつに分けて、それぞれの面積を出して足すことだ。

　この方法を誰かへの詳細な指示として書き出すのにはたいへんな時間がかかるだろう。さらに、図形を分ける方法は1通りではないので、どの単純な図形に分けるのがいちばんよいかを選ぶことまで指示にまとめるのは不可能だ。しかしこれこそが、人間ならたいして考え込むこともなく数秒でやってのける仕事なのだ。

　人間、とくに子どもたちは、学んだ技術をいろいろな状況で試すのに非常に長けている。しかしコンピューターにはそのような学び方はできない。コンピューターに数学の問題を解かせるには、なにをするのか、一歩一歩をすべて教えるしかない。だがすべての段階をコンピューターにいちいち与えなければいけないとしたら意味がない。自分で解いた方が早い。だからアルゴリズム、すなわち具体的に定めることができて、問題が解けるまで何度も何度も繰り返される数学的手続きを使うのだ。

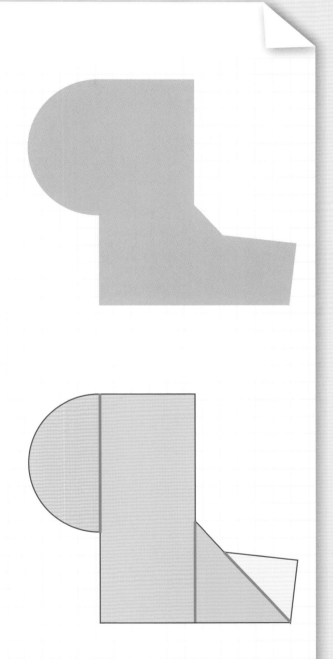

Column

インドと中国の数学

紀元前1200年ごろから、インドでは数学の文化が発展していて、その知識の多くはイスラム帝国に受け継がれた。数世紀のち、今度はフィボナッチ（66ページ参照）やほかのルネサンス期の学者によって西欧世界に紹介された。十進法や0が特に重要な概念

古代中国の数学者は、天文学と占星術に関心を持っていた。

だった。中国とインドの数学者たちは、ギリシャとは別に代数学を発展させていたが、多くの方法（数理の問題を作図で解くなど）と成果（ピタゴラスの定理など）はほぼ同じだった。

800年ごろ、バグダッドに重要な知の拠点として知恵の館と呼ばれる場所が生まれた。そこでは、科学と数学の偉大な業績について研究され、学者たちは議論と新たな発見をなし、それを学生たちに伝えることができた。そこで活躍したもっとも偉大な学者の一人がムーサー・アル＝フワーリズミーだ。彼の最大の業績は、著書『約分と消約の計算の書』で、6世紀前に書かれたディオファントス『算術』以来のもっとも重要な数学書だ。実際、代数学（algebra）はこの本のアラビア語の書名Al-kitab al-mukhtasar fi hisab al-jabr wa'l muqabataからきているのだ。アルゴリズムという言葉もアルゴリスムス（アル＝フワーリズミーのラテン語つづり）からきている。

道具以上のもの

書名にある「約分」とは等式の両辺に項を足すこと、「消約」とは項を消すことだ。これらはディオファントスが紹介したふたつのおもな原則で、アル＝フワーリズミーはこれをアラブ世界全体に広めた。この本はディオファントスが発明した強力な数学記号は採用しなかった。その代わり、問題は（数も含めて）言葉で書かれた。バビロニア人や初期のギリシャの数学者たちのやり方と同じだ。実際、アル＝フワーリズミーの本にはそんなに新しい要素はなかったが、数多くののちの数学者たちに影響を与えた点で大きな価値があった。アル＝フワーリズミーは代数学を本来の意味において扱った。彼にとって代数学は単に算術を助ける道具ではなかったのだ。実はアル＝フワーリズミーが解いた問題はバビロニア人やディオファントスが取り組んでいたものよりもかんたんなものが多かったが、それぞれの問題に対する取り組み方が新しかった。彼は方程式の解を直接求めようとするのではなく、まずは方程式の種類を定め、次にその種類に合った解法を当てはめた。この方法は、現代のすべての数学者が行っているものと同じだ。

参照：
▶代数の規則…82ページ
▶抽象代数学…158ページ

Column
エラトステネスのふるい

アルゴリズムの初期の例としては、素数を見つける方式であるエラトステネスのふるいがある。紀元前200年ごろのものだ。

まず「ふるい」にかけたいだけ数を書く。素数の定義は「1より大きく、その数自身と1でしか割り切れない数」だ。

したがって、最初に「1」を消す。定義から素数ではないからだ。2の倍数も素数ではないので、次はすべての数について、2を除く2の倍数を消す（この「次はすべての数について "each number in turn"」はアルゴリズムの中によく登場するフレーズで、コンピューターにプログラムするのがとてもかんたんな指令だ）。この過程を3を除く3の倍数についても繰り返す（「この過程を繰り返す "repeat the process"」もコンピューターに通じる定型文だ）。

連続する数についてこれを続ける（「連続する "successive"」もコンピューター的な言葉だ）。最後にすべての素数が「ふるわれて」残る。コンピュータープログラマーが書くこの種のコードでは、アルゴリズムは以下のようになる。

```
Define array PRIMES[1 to 100]
Set all PRIMES values to 1
```

1	**2**	**3**	4	**5**	6	**7**	8	9	10
11	12	**13**	14	15	16	**17**	18	**19**	20
21	22	**23**	24	25	26	27	28	**29**	30
31	32	33	34	35	36	**37**	38	39	40
41	42	**43**	44	45	46	**47**	48	49	50
51	52	**53**	54	55	56	57	58	**59**	60
61	62	63	64	65	66	**67**	68	69	70
71	72	**73**	74	75	76	77	78	**79**	80
81	82	**83**	84	85	86	87	88	**89**	90
91	92	93	94	95	96	**97**	98	99	100

```
PRIMES[1] = 0
    For A = 2 to 100
      For B = 2 to 10
      Divide A by B
      IF there is not a remainder AND A does
      not equal B   THEN set PRIMES[A] to 0
While A <= 100
READ PRIMES[A]
IF PRIMES[A] = 1 THEN PRINT " '[A]' is prime"
END
```

（Bが10までなのは、nまでの数の中から素数を探すには、「ふるい」方式は√nまでについてやれば足りるから）

ウマル・ハイヤームと
3次方程式
Cubics

ウマル・ハイヤームは、今日では詩人として知られている。英訳された彼の作品『ルバイヤート』は、刊行された1859年以来読み継がれている。しかし彼は代数学の発展においても鍵となる人物だった。特に大きな役割を果たしたのは、彼が著した『代数学の諸問題の証明にかんする論文』である。

アル゠フワーリズミーと同じく、ウマル・ハイヤームはディオファントスによる強力な数学記号を使わず、問題を言葉で表した。一方、これもアル゠フワーリズミー同様、彼は数学の技法を整理し、のちの進歩を助けた。ハイヤームが特に興味を持ったのは3次方程式だ。アルキメデスが最初に研究し、ディオファントスも認識していた問題だ。しかしハイヤームの研究はより厳格だった。問題を14種類に分けて解き方を解説したのだ。その手法には、彼が発明した、平行四辺形と円の交点に基づくものがある（右ページの「やってみよう！」参照）。

数とは結局なんなのか？

バビロニア人と同じように、ハイヤームは数学的な手法を、現実の問題を解決する単なる便利な道具の集まりと見なしていた。しかし彼は数理哲学者でもあり、数学の思考と現実のものとの関係に特に興味を持って

ウマル・ハイヤームは20代で数学書を著したが、晩年は詩作に力を入れた。

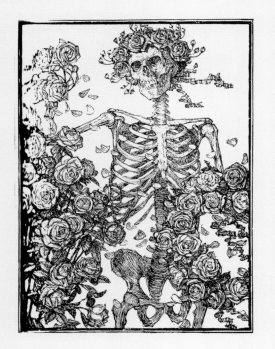

左：ウマル・ハイヤーム『ルバイヤート』1913年版より、恐ろし気な挿絵。

右：ハイヤームの著書より。現代でいう3次方程式の記述。

いた。これは現代の数理哲学においてももっとも重要な話題でありつづけているだろう。「数は存在するのか？」という問いは、最初に登場したときよりずっと扱いにくいものになっている。数はリンゴや書籍がそうであるのと同様の現実の存在ではないが、他方でドラゴンのような完全に空想上の存在でもない。「リンゴふたつ」は「リンゴ三つ」とはちがう。これはまったく現実的な意味においてちがう。おそらく、数は文字がそうであるように現実のものだといえるだろう。しかしわれわれが発明した存在でもある。またもやしかし、「リンゴふたつ」と「リンゴ三つ」とのちがいは、発明によるものというよりは自然の現象の発見に思える。文字とちがって数はある意味「そこにある」のだ。

やってみよう！

3次方程式を解く

　ウマル・ハイヤームが取り組んだ3次方程式は、$x^3+bx=c$（こんな記号を彼は使っていないが）という形をしていた。ここでは $x^3+7x=48$ を解いてみよう。まず面積 $b=7$ の正方形を描き、次に正方形の左上と右下の頂点を通る放物線を描く。半径 $48/7$ の半円を正方形の隣に描くと、右側の放物線と半円の交点座標の x の値が解（われわれのいう x の値）になる。答えは **3** で、$x=3$ をもとの式に代入すれば検算ができる。$3^3+7\times3=48$ だ。当時のほかの手法がそうだったように、これらの図はすべてコンパスと直定規で描ける。

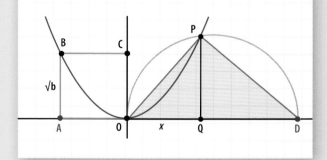

　これらの問いは数に限ったものではない。3乗根という概念は発明されたものと思われるかもしれないが、現実に存在する立体の、辺の長さと体積の関係の中に実際に存在するのだ。

参照：
▶ 非実数の世界…74ページ
▶ パスカルの三角形…102ページ

数列と級数
Sequences and Series

フィボナッチは現代の記数法をヨーロッパに紹介した。

書（計算の書）』は1202年に刊行された。『算盤の書』は西欧に「アラビア」記数法を紹介した。今日世界中で使われているものだ。この記数法は、計算に使うにはあまりに不格好だったローマ記数法に置き換わった（71ページのコラム参照）。

アフリカの影響

ピタゴラスのように、フィボナッチ（本名はピサのレオナルド）が偉大な数学者になり得たのは、ひとつには彼が旅行者だったからだ。イタリアで生まれたものの、彼はエジプトの北部沿岸地方ブギア（現在のアルジェリアにあるベジャイア）で教育を受けた。イタリアは高度な成功を遂げた貿易国家で、ブギアとピサの商人のあいだでも取引が行われていた。フィボナッチの父はピサ政府によってブギアに派遣され、政府の手助けをしていた。その息子も父に従って商人見習い

何世紀にもわたって、代数学の歴史は偉大な著作物によってもたらされた。ディオファントスの『算術』、アル＝フワーリズミーの『約分と消約の計算の書』、そしてウマル・ハイヤームの『代数学の諸問題の証明にかんする論文』は、それぞれの時代においてもっとも重要な本として学生や数学研究者に扱われた。

この歴史につづく偉大な数学者はフィボナッチだ。彼も偉大な著書を著し、その本はおそらく最大の影響力を持った。彼の『算盤の

٠‎ ١‎ ٢‎ ٣‎ ٤‎ ٥‎ ٦‎ ٧‎ ٨‎ ٩‎

0 1 2 3 4 5 6 7 8 9

をしていた。ブギアの会計学校で、フィボナッチはおそらくアル＝フワーリズミーとハイヤームの本を読み込んだだろう。また父についてシリア、エジプト、フランス、ギリシャを旅した。このような経験は、当時のイタリアの若い商人にとってめずらしいものではなかったが、フィボナッチが特別だったのは、彼が旅の途中で出会った数学へ強い情熱を持っていたことだった。ピサに戻ると、フィボナッチは『算盤の書』を書いた。アラビア記数法の詳細（実際はこの記数法が生まれたのはインドなのだが）とその利点だけでなく、会計のような分野に興味を持つ通商者たちへの数学入門の内容も含んでいた。

ウサギの繁殖

　『算盤の書』には、現在フィボナッチの名で呼ばれる数列についての説明がある。その数列は、ウサギのつがいがどのように増えていくかという発想から生まれた。それぞれのつがいが毎月2匹ずつ産み、またウサギは生まれて1か月すると生殖できるとすると、1組の新生児2匹が1月に生まれたとして、その数はこうなる。

1月　最初のつがい

2月　まだ1組

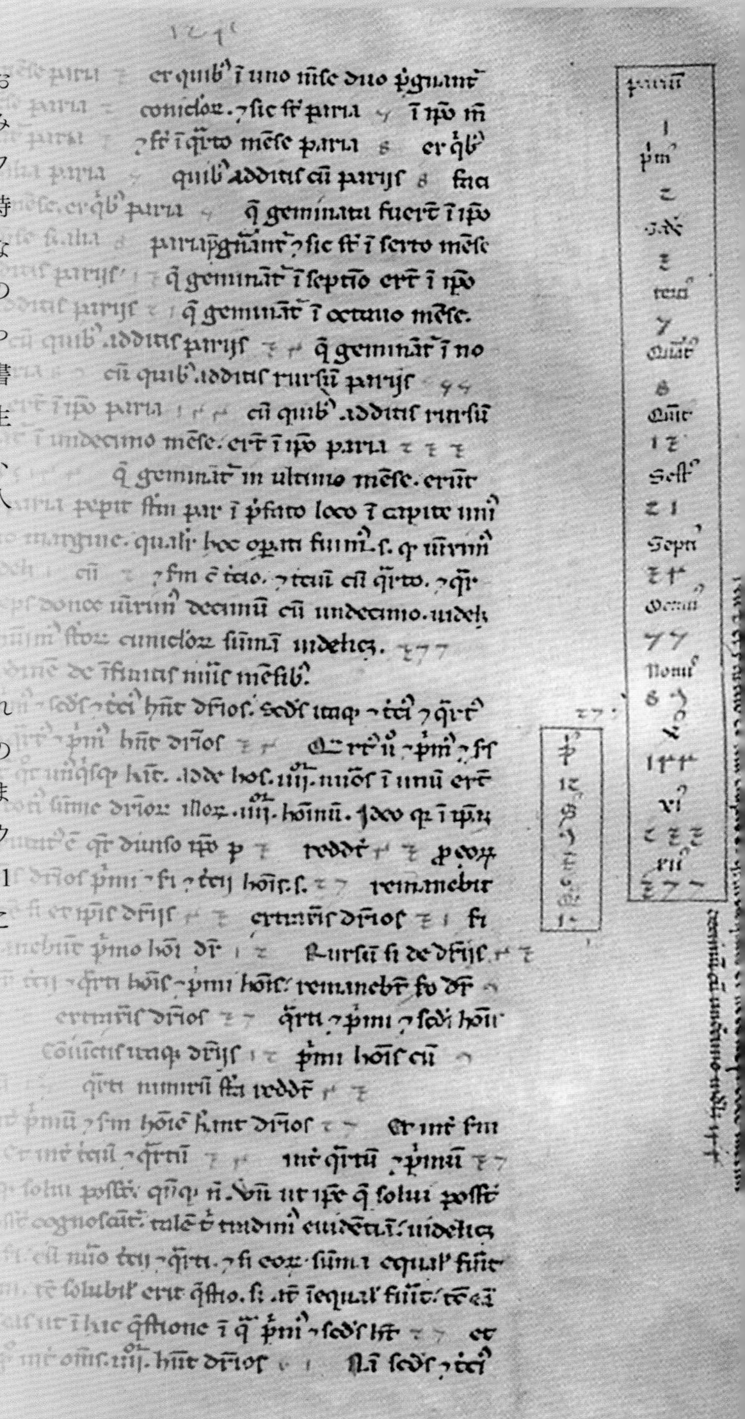

この有名な数列は、最初にフィボナッチの著作『算盤の書（計算の書）』に登場した。

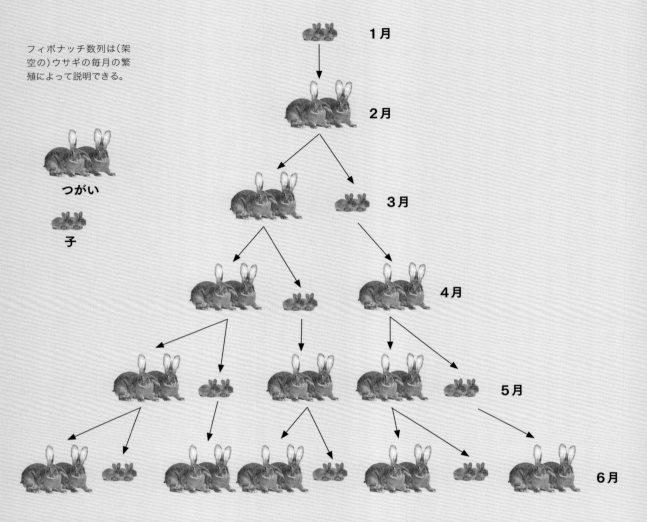

フィボナッチ数列は（架空の）ウサギの毎月の繁殖によって説明できる。

つがい

子

1月

2月

3月

4月

5月

6月

3月　最初のつがいと生まれた子ロンとルース＝つがい2組

4月　最初のつがい、彼らの2回目の子（レイチェルとロバート）、ロンとルースのつがい＝つがい3組

5月　4月時点で上記の3組、最初のつがいの子2匹、ロンとルースの子2匹＝つがい5組

6月　5月時点で上記の5組、最初のつがいの4回目の子、2番目のつがいロンとルースの2回目の子、レイチェルとロバートの最初の子＝つがい8組

1, 1, 2, 3, 5, 8, 13, 21, 34, 55, 89, 144, 233,

木の枝分かれもフィボナッチ数列による。青い数字は、木が上に伸びていくのに従う枝分かれの回数。緑の数字は、それぞれの段で何本の枝がつながっているかを示す。

どんどん入り組んで、もう言葉で追っていくのはむずかしくなる。しかし数学でならかんたんだ。最初のふたつの数を足す（1+1=2）、新たに得られた数にその直前の数を足す（2+1=3）、これを繰り返す（3+2=5、5+3=8、8+5=13…）。それぞれの数(F_n)は$F_n = F_{(n-1)} + F_{(n-2)}$と表せる。

自然の中に

フィボナッチ数列は永遠に続く。1、1、2、3、5、8、13、21、34…驚かされるのはこの数列がよく見つかることだ。花の花びらの数はフィボナッチ数列の数だし、ヒマワリの種はフィボナッチ数列を示す曲線上に並んでいて、こ

の曲線はパイナップルや松ぼっくりも同じだ。ハチの世代交代もこの数列に従う。オスは母親のみ、メスは父母から生まれる。つまりメスには親2匹と祖父母3匹、曾祖父母

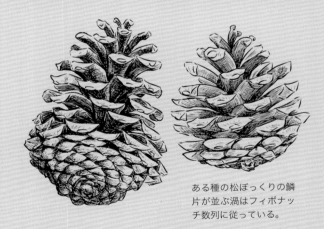

ある種の松ぼっくりの鱗片が並ぶ渦はフィボナッチ数列に従っている。

610, 987, 1597, 2584, 4181, 6765, 10946 …

5匹がいる……という具合だ。

さて、フィボナッチ数列の持つ力はともかく、実際のウサギはこのような増え方はしない！　ウサギは同時に2匹でなく、平均で約6匹の子どもを産むし、成体になるまで1か月でなく6か月かかる。フィボナッチはおそらくこのことを理解していたが、状況を単純にして数学的に興味深い状況をつくったのだろう。

ほかの級数

　数学において、数列とは秩序を持った数の並びのことだ。たとえば整数の並びも数列だ。数列の各項を足し合わせたものを級数という（下の囲み参照）。級数の研究は数学の主な分野のひとつだ。カール・フリードリヒ・ガウス（130ページ参照）は最も偉大な数学者のひとりで、その卓越した才能はすでに在学中から示されていた。1787年、ある教師がガウスのクラス

$$1 + 2 + 3 + 4 + 5 + 6 + 7 + 8 + 9 + 10$$
$$+ 11 + 12 + 13 + 14 + 15 + 16 + 17 + 18 + 19 + 20$$
$$+ 21 + 22 + 23 + 24 + 25 + 26 + 27 + 28 + 29 + 30$$
$$+ 31 + 32 + 33 + 34 + 35 + 36 + 37 + 38 + 39 + 40$$
$$+ 41 + 42 + 43 + 44 + 45 + 46 + 47 + 48 + 49 + 50$$
$$+ 51 + 52 + 53 + 54 + 55 + 56 + 57 + 58 + 59 + 60$$
$$+ 61 + 62 + 63 + 64 + 65 + 66 + 67 + 68 + 69 + 70$$
$$+ 71 + 72 + 73 + 74 + 75 + 76 + 77 + 78 + 79 + 80$$
$$+ 81 + 82 + 83 + 84 + 85 + 86 + 87 + 88 + 89 + 90$$
$$+ 91 + 92 + 93 + 94 + 95 + 96 + 97 + 98 + 99 + 100$$
$$= 5050$$

ローマ数字の災い

ローマ記数法は、実は計算には扱いにくいものだ。その理由のひとつには0がないこともあるが、おもには位取りのしくみではないからだ。ローマ記数法は次のような記号を使う。

I (1)
V (5)
X (10)
L (50)
C (100)
D (500)
M (1,000)

問題は、文字がどんな順序で置かれるかで示す値が変わるということだ。時に並んだ記号は和を意味するし（**XI＝10+1＝11**）、また差を意味することもある（**IX＝10−1＝9**）。

足し算、引き算、掛け算、割り算がしたい場合は、だいたい暗算ではできないので、筆算の形に書き表すことになる。

1979
+762

364
x 27

次に位ごとに計算していく。これができるのはひとつの位にひとつの数があって独立していることがわかっているからだ。1の位、10の位、100の位、1000の位というように。

数学者たちは何世紀にもわたって、ローマ記数法とアラビア記数法の計算における利点について議論してきた。

しかしローマ記数法では**1979**がこうなる：**MCMLXXIX**。そして記号を位で分けることができない。最初の**M**は1000を示すが、**C**の意味は3番目の記号を見なければわからない。この場合3番目の記号**M**を見て、**C**を**M**から引かなければならないのだ。**LXX**は**50+10+10**である。次の**I**はさらに右の記号**X**を見ないと値がわからない。この**I**は**−1**の意味だ。最終的に、**1000−100+1000+50+10+10−1+10**となる。記号の意味をその置き場所で決められないために、位どうしの計算ができず、大きな混乱を招くのだ。

72

の生徒たちに、1から100までの足し算をするよう課題を与えた。生徒たちが計算に集中しておとなしくなれば、ひと休みできると教師は考えたのだ。しかし1分もたたないうちに、当時10歳のガウスは答えを出した。その答えは5050。偉大な数学者たちは暗算に長けていたわけではなく、ガウスも例外ではなかった。彼が新記録を出せたのは、答えは級数の和（1+2+...+100）にあると目星をつけたからだ。そして級数の和は、単純な公式を使って3段階で求められる。

カール・フリードリヒ・ガウスの才能は幼いころから明らかだった。

100まで足す

ガウスがすでに公式を発見していたのか、教師の問いをきっかけにして到達したのかはわからないが、とにかくそのしくみはこうだ。

和を出したい級数には100個の要素があり、1から100までだ。この級数の逆並びを考える。100から1までの100個の要素を持つ級数だ。

最初の級数を次の級数の上に並べる。最初のあたりはこうなる。

1	2	3	4
100	99	98	97

上下の組み合わせを足すと、答えが同じになることがわかる。

1	2	3	4
+100	+99	+98	+97
=101	=101	=101	=101

この組み合わせが100個あることがわかっているのだから、ふたつの級数すべての和は、

100 × 101 = 10100

一方の数列の和が知りたいので、2で割って答えは5050だ。

いかにガウスは教室でのパズルを解き、歴史に残る存在になったか。

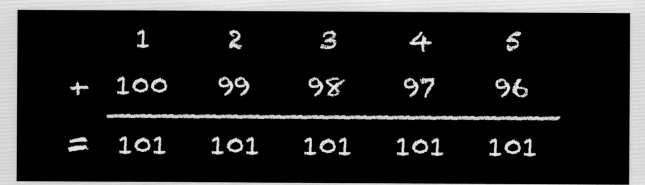

当然、級数がどれだけ長くなっても方法は同じだ。このやり方を公式にまとめると

$$1 + 2 + \ldots + n = n(n+1)/2$$

ほかの級数

ある種の級数は驚くべき和になる。たとえば以下のような級数

$$1 - \frac{1}{3} + \frac{1}{5} - \frac{1}{7} + \frac{1}{9} + \cdots$$

合計は $\pi/4$ になる。円にはなんの関係もないのに π が登場するのだ。

以下の級数

$$\frac{1}{2} + \frac{1}{4} + \frac{1}{8} + \frac{1}{16} + \cdots$$

この合計は1に近づく。視覚的に考えればかんたんだ。1メートルの帯を想像してみよう。1/2のところまで色を塗る。残りの部分の半分に色を塗れば1/4が足されたことになる。残りの半分に色を塗る作業を繰り返せば、次は1/8、その次は1/16とつづいていく。疑いなく、帯の端っこを目指すには永遠に色を塗り続けなければならない。これがわれわれ、もしくは級数の和が向かうところだ。

半分ずつ色を塗る。決まった数に向かって、無限に分数を足していく。

収束と発散

このようにひとつの値に向かう級数を収束級数という。一方、一定の数に向かわない級数を発散級数という。たとえば1+2+4+8+16+...は明らかに発散級数で、その和は無限に大きくなるだろう。

数学にはよくあることだが、級数についても結論に飛びつくのは危険だ。たとえば次のような数列の級数について考えてみよう。

$$\frac{1}{2} + \frac{1}{3} + \frac{1}{4} + \frac{1}{5} + \frac{1}{6} + \cdots$$

これはある数に近づいているように見える（2とか？）。

実はこの数列は発散する。すべての要素を足したとしたら、その答えは無限になるのだ。この数列が紛らわしいのは、増え方がとてもゆっくりだからだ。要素を12367個足さないと合計は10に届かないし、つづく1億個の要素を足しても20には届かないのだ。

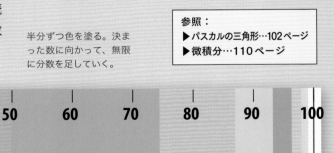

参照：
▶ パスカルの三角形…102ページ
▶ 微積分…110ページ

非実数の世界
Unreal Numbers

2 次方程式 $5x^2+2x+2＝0$ の解は？　数学者たちが考えた限りでは、15世紀まで、この方程式に解はなかった。なぜそんなことになったのか？

なぜ数学者たちがそれを信じたのかは、2次方程式の解の公式

$$x = \frac{-b \pm \sqrt{b^2-4ac}}{2a}$$

に a=5、b=2、c=2 を当てはめてみればわかる。$\sqrt{}$ の中の部分（判別式ともいう）は $2^2-4\times5\times2$ だから

ニコロ・フォンタナ・タルタリアは、すべての種類の3次方程式を解いた最初の人物だといわれている。彼は著書『Nova Scientia（新科学）』に、弾道学、落下する物体の動きの研究成果を記し、名をなした。

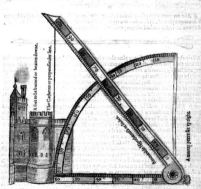

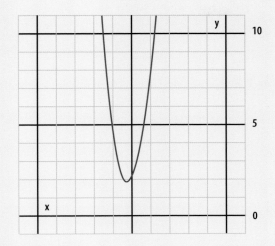

x軸と交わることのない
グラフが問題になった。

−36だ。−36の平方根はない。2乗して−36になるような数はないからだ。この式のグラフを描いて確認すれば明らかだ（上参照）。2次方程式の解は、グラフとx軸との交点のx座標だ。ところがこの式のグラフはx軸に交わらないので、解はないということになる（少なくともそう見える）。

幾何学を超えて

古代ギリシャにおける驚異的な達成は別として、数学は、古代バビロニアで代数学が生まれて4000年のあいだ、ほとんど実際的な分野での進歩がなかった。変化が起こるのは15世紀になってからだ。ギリシャ人が幾何学において卓越しつづけた（そして彼らの業績のいくらかは現代のもっとも偉大な数学者にとっても複雑すぎてつかみきれない）のに対して、ようやく代数学でも新たな発見が生まれ始めたのだ。

14世紀、アラブの数学教科書（ギリシャにおける発見の翻訳を含む）が西欧に届き始めた。これは中近東との貿易が盛んになったことが大きく影響していて、巨大通商国家だったイタリアがその利益をもっとも大きく受けた。新たな知識は彼ら自身の発見につながり、特にめざましかったのは芸術の分野だが、徐々に科学と数学の分野にも広がった。この変化はルネサンスと呼ばれた。ルネサンスは「再生」を意味する。

数の戦い

15世紀後半までには、イタリアで数学は人気分野になり、二人の数学者が日程を決めて同時に問題の解決を競う数学の決闘さえも行われた。敗者のペナルティは、解けなかった問題の数だけの勝者の友人たちに、豪華な夕食を振る舞うことだった。この決闘の多くは当時の数学上最大の謎にかかわるものだった。3次方程式、$ax^3+bx^2+cx+d=0$ で表される方程式の解についてだ。

いくつかの例についてはアルキメデスが解いていたし、またほかのいくらかは数学者たちの努力に届いたものの、ほとんどの3次方程式は解かれないままだった。この問題が解きづらい理由はたくさんあった。第一にディオファントスの成果がいまだ無視されていたために、数学の問題は出題も解決も（失敗も）言葉でなされていた。ほかにも、負の数が数学者に認められていなかったこともある。

秘密の解決法

ある決闘が、1000年にわたる数学の偉大な突破口に

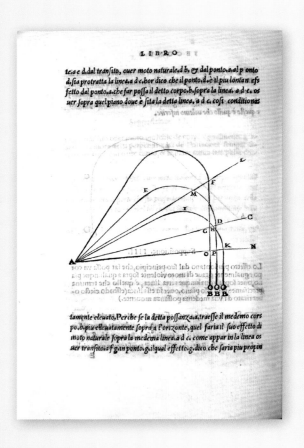

タルタリアの初期の弾道学の業績を
理解するには、曲線の知識が必要だ。

ショウダウン

　フィオーレの対戦相手に選ばれたのはニコロ・フォンタナ・タルタリアだった。1500年にイタリアのブレシアで生まれた人物だ。彼の名「タルタリア」は吃音を意味する。彼がまだ幼いころ、町がフランス軍に襲われたときに受けた喉の傷が原因で、発話に困難を抱えたことにちなんだ名だ。タルタリアの父は薄給の配達人だったため、タルタリアは中途までしか教育を受けられなかった（学校の費用が払えず、授業は「L」の字に達する前に終わった。彼は自分の名前を綴れるようになる前に学校を去った）。その一方で、彼はそ

なった。その決闘は、ボローニャの数学教授スキピオーネ・デル・フェロが、$x^3=ax+b$ の形の3次方程式すべてを解く方法を発見したのだ。彼の解法は現在のわたしたちにはわからないし、実際は解いていなかったということもあり得る。当時、数学の解法は油断なく守られるべき秘密だった。フェロはこの特定の秘密を二人の人物にしか話さず、そのうちの一人は彼の教え子アントニオ・フィオーレだった。フェロが亡くなるとフィオーレは彼の秘密の知識を、偉大な数学者たちとの決闘で勝利し、名声と栄光を得るために使おうと決意した。

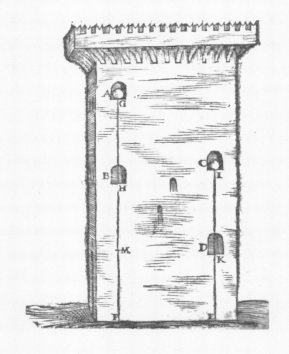

の後も独学を続けて数学を学び、ギリシャの数学者たちの著作をイタリア語に訳した。また彼は算数を教えていたために、イタリアでタルタリアの名が知られるようになり、フィオーレの挑戦者になった。タルタリアが出した課題は30問の課題を解くことで、問題はすべて3次式にかんするものだった。

詐称者の勝利

　3次方程式は解けないと考えられていたゆえに、タルタリアはフィオーレの力を信じていなかった。フィオーレは何週ものあいだ問題を解こうとしなかったからだ。一方、記録によると、決闘の締め切り（1535年2月12日）まで間がないときに、タルタリアはフィオーレの秘密を知った。慌てたタルタリアは必死で方程

タルタリアの落下物の研究は、ガリレオによって発展されるまでその分野の先駆だった。

式に取り組み、締め切りのわずか8日前に解法を見つけ出した。その後問題はすべてかんたんに解けた。タルタリアはたった2時間ですべてを終えた。その恩恵をわれわれも受けているわけだが、実はこれは奇妙なことだ。なぜタルタリアはだれも解けないと考えていた挑戦を受けたのか？　そして本当に彼はフィオーレが3次方程式を解けると聞いて慌てたのか？　タルタリアはすでに方法を知っていたのではないかと思える。

　締め切りが来て、フィオーレはタルタリアの出した問題を1問も解けず、したがってフィオーレには30人に夕食を振る舞う義務があった。もしくは、タルタリアが寛大にも許したのかもしれない。タルタリアにとっては、名声はもう十分だったのだ。

カルダーノ登場

　3次方程式の解が正しいかどうかを確かめるのはかんたんだ。xの値として代入してみればいい。タルタリアは自分の解法を示す必要はなかった。決闘の結果はすぐに広まり、多くの人々がタルタリアに3次方程式の解法をたずねたが、彼は断りつづけた。ジェロラモ（もしくはヒエロニムス）・カルダーノに会うまでは。カルダーノは非常に変わった人物だった。

　カルダーノは自分に超自然の力があると信じていた。彼は人間の臓器の状態を「第二の視覚」で見極められるし、また彼はどんな傷の出血も止められると主張していた。彼は、実際は優秀な医者であり、そのためにミラノの医科大学入学を認められたほどだった。未婚の両親から生まれた子、たとえばカルダーノのような人間の入学はできない規則だったにもかかわらずだ。

カルダーノはまた、サイコロの目も予測できると主張していた。これは驚きだ。彼自身の記述によれば、カルダーノは40年もの時間をチェス賭博で浪費したことを後悔していたという。さらに驚くべきことに、その後に手を出したサイコロ賭博をチェスの賭博以上に嫌悪していたという。ともかく、その経験からカルダーノは、ゲームにおいてツキの状態を解析した最初の数学者となり、確率論を発明した。彼はそこそこ賭博の才能があったと思われる。というのも、彼は生活に必要なだけ稼げていたからだ。

難しい人物

カルダーノは性格に難があり、つねに多くの人の怒りを買っていた。理由のひとつは、彼がキリストを占星術で占ってカトリッ

ク教会を刺激したこと、また「わたしが固執するくせ、聴衆すべての耳にとって心地よくないとわかっていることを言いたがること。わかっているのにわざと繰り返してしまう」と彼自身が言っているとおりの理由だ。カルダーノはこのくせを、タルタリアに会ったときは抑えることができた。カルダーノはタルタリアに、秘密の手法を教えてくれるよう何度も礼儀正しく頼み、ロンバルディの有力者である市長に紹介することを約束することでやっと了解を得た。タルタリアは秘密を公開することを嫌がっていたが、それでも市長にはとても会いたかったので、カルダーノの自宅への招待を受けた。つづいてなにが起こったのかははっきりしないが、タルタリアは市長に会えないまま、カルダーノ

『アルス・マグナ』の表紙。ジェロラモ（またはヒエロニムス）・カルダーノのもっとも有名な著作だ。

右：1554年にカルダーノが描いた、つながったスクリューで水を汲み上げるしくみの絵。スクリューがつくる水流の力だけで動く。

に秘密の手法（奇妙なことに、それは詩の形式をとっていた）を教えてすぐに立ち去ったという。カルダーノが秘密を守り、なにがあってもほかの誰にも漏らさないことを確認した上で。

偉大なる芸術

その秘密の手法は非常に複雑で、また言葉（表現は実際的なわかりやすさよりも、詩韻が優先されていた）で書かれていたために、カルダーノがそれを読み解くのには何年もかかった。その後すぐにカルダーノは著書『アルス・マグナ（偉大なる術）』で秘密の手法を公開し、タルタリアとの約束をあっさりと破った。タ

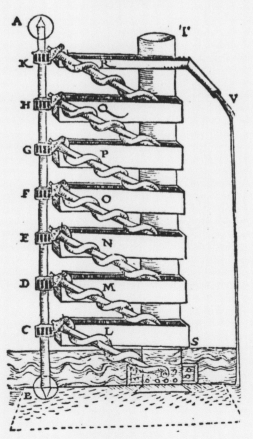

ルタリアは激怒し、カルダーノに数学の決闘を挑んだ。無礼極まることにカルダーノは雲隠れをきめこみ、自分の秘書を代わりに行かせた。さらに腹立たしいことにその秘書は数学の天才であり、タルタリアは敗北したという。

負の数の平方根

タルタリアの公式を読み解くなかで、カルダーノは時に負の数、あるいは負の数の平方根の解が出ることに気づいた。それ以前の多くの数学者のように、カルダーノはどちらの概念も考慮に値しないとして受け入れず、これらの負の数を「完全な誤り」とした。とはいえ、彼は『偉大なる術』のなかで短くこの問題を扱っている。たとえば、以下のような方程式を解く場合だ。

$$x+y = 10$$
$$xy = 40$$

カルダーノが導いた解は
$$x=5+\sqrt{(-15)}、\quad y=5-\sqrt{(-15)}$$

虚数

現代では、$\sqrt{(-15)}$ は $\sqrt{15}i$ と表される。約 $3.873i$ となるこのような数は虚数と呼ばれ、i は「−1 の平方根」の略号だ。虚数は非常に有力で使い勝手のよい概念だ。しかし、カルダーノは虚数に重きをおかなかった。彼は世界で最初に、虚数を方程式の解として紹介した直後にそれを否定した。「巧妙な手だが役に立たない」と彼は記している。『偉大なる術』を書いたの

ちの1545年、カルダーノはスコットランドを訪れた。当時わずか15歳の若き王エドワード6世に、宮廷医師として仕えるためだ。カルダーノは王のホロスコープをつくり、彼の遠い未来までを見通して、王に今後起こることをいくつか予測した。しかしほんの数か月後にエドワード王が亡くなってしまい、カルダーノは大慌てで帰国した。

カルダーノは自分の死ぬ日を、1576年9月21日と予言した。いくつかの記録によると、自分に本当に特別な力があることを示す最後の機会として、カルダーノはその日に自殺したという。

現実に向き合う

カルダーノが虚数を検討する価値がないと考えたのに対して、虚数をとことん追求した人物がラファエル・ボンベリだ。彼はイタリアのボローニャ出身の技術者で、カルダーノの『偉大なる術』が刊行された1545年当時、彼は20代だった。その5年後、ボンベリは彼自身の偉大な著作『代数』の草稿を書きあげた。不運なことに、ボンベリは完璧主義者だったので、『代数』は彼が亡くなった1572年までその断片も発表されず、すべてが刊行されたのは1929年のことだった。この本がもっと早く刊行されていれば、数学の歴史はまったくちがうものになっていただろう。『代数』はさまざまな意味で革命的な本だった。

方程式に使う

『代数』においてボンベリは、ディオファントスに倣って記号を使った。ボンベリは実は、2次式を方程式の形で書いた最初の人物だ。2次方程式が4000年にわたって数学者たちの関心の的だったことを考えると奇妙な話だが。

しかしおそらくより重要なのは、『代数』が虚数を初めて正面から扱った本だということだ。ディオファントスが最初に存在を示してから1000年以上経って。ボンベリは虚数の計算法則を整理して示した（右の「やってみよう！」参照）。

LALGEBRA
PARTE MAGGIORE
DELL'ARIMETICA
DIVISA IN TRE LIBRI
DI RAFAEL BOMBELLI
DA BOLOGNA.

Nouamente posta in luce.

IN BOLOGNA
Nella stamperia di Giouanni Rossi
MDLXXII.
Con Licentia delli RR. VV. del Vesc. & Inquisit.

1572年刊行のラファエル・ボンベリ著『代数』の表紙。虚数の利用を広げた。

参照：
▶四元数…148ページ
▶抽象代数学…158ページ

やってみよう！

虚数と複素数

ボンベリと現代の数学者たちは、虚数を単独で扱うことはほとんどなく、複素数をより好んで扱う。つまり実数と虚数それぞれの部分を持った数だ。a+biといった具合だ。一例を挙げると4+3iのようになる。

下の図は複素数平面（アルガン図）と呼ばれる。1806年にこの図を発想したジャン＝ロベルト・アルガンにちなんだ名だ。複素数を扱う際に注意すべきな

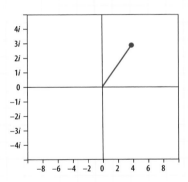

のは、実数と虚数はリンゴとナシのようなものだということだ。それぞれを計算することはできるが、同時に一緒に計算することはできない。

複素数の足し算と引き算はかなり単純だ。たとえば

$$(4-3i)-(2-5i)=4-3i-2+5i=2+2i$$

掛け算にはもう少し用心がいる。(a+bi) に (c+di) を掛けるときは、4回掛け算をしなければならない。そ

れぞれの結果を書き出すと、ac+adi+cbi+bd(i)^{2}だ。(i)^{2}は−1なので、結果はこうなる：

$$(4-3i)\times(2-5i)=8-20i-6i-15=-7-26i$$

複素数の割り算は複雑だ。

分数で表すとこうなる。 $\dfrac{a+bi}{c+di}$

まず、分母の複素数の共役複素数と呼ばれるものを出すところから始める。共役複素数とは、ある複素数と同じ数字で、真ん中の記号だけが逆のものだ。この例でいうとc−diになる。

この分母の共役複素数を分子と分母両方に掛ける。

$$\frac{(a+bi)(c-di)}{(c+di)(c-di)}$$

整理するとこうなる。 $\dfrac{ac-adi+cbi+bd}{c^2+d^2}$

たとえば $\dfrac{4-3i}{2-5i}$

この場合 $\dfrac{8+20i-6i+15}{2^2+5^2}$

したがって $\dfrac{23+14i}{29}$

最後に、この分数を実数部分と虚数部分に分ける。最終的な答えは

$$\frac{23}{29}+\frac{14}{29}i$$

代数の規則
The Rules of Algebra

今日、数学の研究ではすべて、代数記号を使って物事を明確に証明する必要がある。さらにその成果を簡潔な論文（まずはオンラインで公開される）にまとめ、共有することが求められる。

フランソワ・ビエトは代数記号学の父だ。

16世紀、数学の研究の進め方は今とずいぶんちがった。数学者はおもに言葉と数と図を使って研究し、しばしばその成果を1か月や、さらには数年にわたって秘密にしていた。彼らが秘密を明かすとき、その内容は長ったらしい本の一部として公開された。解決し

た問題を数や言葉で表した実例が内容のほとんどで、これはバビロニア人たちの数学粘土板とそんなにちがわない。長ったらしさはさておき、このように実例を列記することは、その定理なり技法なりがいくつかの状況で使えることしか示せず、なぜうまくいくのかは説明できない。それを説明するために証明が必要となったが、16世紀の代数学の本で証明を実現できたものはほとんどない。

新たな言語

一方、古代ギリシャ人たちの数学的発見は厳密に証明されていた。それができたのは、ギリシャ人たちは幾何学という強力な数学言語を思い通りに操れたからだ。ギリシャ人たちの幾何学の成果を上回ることができなかったために、16世紀の数学者たちは代数学を開発しようとした。ただし、それを行う効果的な言語を持たないままだった。

この状況を大きく変えたのがフランソワ・ビエトだ。1540年にフランスで生まれ、弁護士となり、1564年、ビエトは高貴な女性の娘の家庭教師の職を得た。そのつながりをきっかけに、1573年、シャルル9世が治めるブルターニュ政府の職員になった。ビエトはフランスのプロテスタントの一派ユグノーであり、カトリックのシャルル9世はその前年にユグノーを皆殺しに

5000

する命令を出していたにもかかわらずだ。しかしビエトは新しい職で成功を収め、シャルルからアンリ3世に代替わりしたとき、ビエトはパリで新王の法律顧問のひとりになった。その一方で反ユグノーの気運が高まってきたため、ビエトの立場は急速に悪くなり、ついに1584年に職を追われた。

1589年、アンリ3世が暗殺され、新王のアンリ4世はビエトを歓迎しただけでなく、新たな仕事を与えた。スペインの王フェリペ2世に届けられる途中だった通信を解読するというものだ。ビエトは見事にこの暗号を解き明かした（85ページのコラム参照）。一方、スペイン王のフェリペはだれもこの暗号は解けないはずだと考えていたために、ローマ教皇に「フランスはスペインに対して黒魔術を使っている」と訴え、ビエトを悪魔呼ばわりした。

変数と定数

ビエトは1602年までアンリ4世に仕え、その翌年に亡くなった。カトリック法廷を追われた彼が、強制的にせよ、数年間の休暇を得たことは、ビエトに起こったもっともよい出来事だったといえる。義務がなにもなくなった状況で、ビエトはすべての時間を愛する

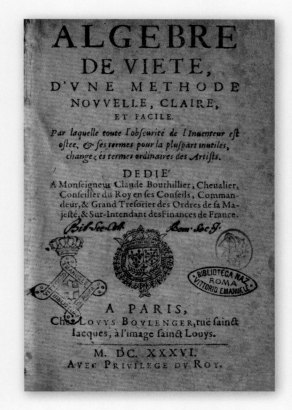

ビエトのもっとも有名な著作は、想像力をかき立てるような書名ではない。

数学に捧げることができた。彼には明確で、大胆な目標があった。新たな数学を創造し、ギリシャの幾何学の力を合体させて、代数学がより幅広い問題に挑めるようにすることだ。この新たな取り組みの鍵になるのは、定義された規則を持つ、記号による数学言語だ。すでに変数は記号で表されるようになっていたが、ビエトは定数も記号で表した最初の人物になった。

現在、2次方程式についてわれわれはこのような表し方をする。$ax^2+bx+c=0$。変数を記号(x)で表すのと同じように、係数（変数に掛ける数）を記号a、b、cで表すことで、すべてのあり得る2次方程式をこの式ひとつで表せる。これは非常に強力な発想だ。というのも、もしこの一般式の解を出すことができたら、すべての2次方程式を解けたことになるからだ。実際、この一般式の解はもうわかっている。

$$x=(-b\pm\sqrt{(b^2-4ac)})/2a$$

なんでも、すべて

このような一般解があれば、計算はずいぶんかんたんになる（a、b、cに入れたい値を当てはめて、ち

ビエトの偉業は、フランスのアンリ4世の出資のもとで完成した。アンリ4世は、1594年に前王を打ち負かして王位に就いた人物だ。

ょっと計算すればいい）。それに、伝えるのもかなりかんたんだ。たとえば、カルダーノ（77ページ参照）が2次方程式の解法をどう説明しているか見てみよう。「不明な数の3番目の部分を3乗し、それに式の半分を2乗した数を加え、全体の平方根をとり、一方にはさっき2乗した数の半分を加え……」。これはやっかいだ。記述が混乱しているだけでなく、結局どんな計算をしているのか理解するのにたいへんな時間がかかり、なぜそうなるのかとか、どう発展させるかとか考えるだけで疲弊してしまうだろう。では、一般式で考えてみよう。上の公式で、"b^2-4ac" の部分は判別式として知られている。この部分が重要なのは、ここを見れば実数の平方根（あるいは方程式の解）がいくつあるか（別の言い方をすると、この式のグラフが何度x軸と交わるか）がわかるからだ。もし $b^2>4ac$ なら、方程式は実数のふたつの解を持つ。$b^2=4ac$ ならふたつの等しい実数解を持つ。そして $b^2<4ac$ のとき、

実数解はない。このようなことは、一般式がなければかなり考えにくい。

　さらに、言葉で書かれた代数学の本が、議論の対象になっている定理の証明を含まないのは、ほとんどの種類の証明（18ページ参照）が、数を一般化した記号を使わなければできないものだからだ。これは驚くにはあたらない。心に留めておくべきは、代数学はバビロニア時代からわずかな進歩しかなく、また数学者たちは、2次方程式を解くのに4000年もの時間を費やしたということだ。しかしビエトが著書『解析法』で自分の考えを示した1591年以降、代数学は目覚ましいスピードで発展していくことになった。

参照：
▶代数学の基本定理
…130ページ

ビエトが解いた暗号文の内容は残っておらず、ビエト自身もそれぞれの意味をどうやって解き明かしたかの細部は語っていないが、おそらく暗号は換字型暗号だったと考えられる。換字型とは、アルファベットの文字それぞれを数字やほかの記号に置き換えるタイプだ。

ビエトのやり方は、今でいう出現頻度表に基づいたものだったと思われる。アルファベットのそれぞれの文字が何度使われているかを、長い文章で数えると、一部の文字が際立って多く出現していることがわかる。英語でもっとも多く使われるのはe、t、a、o、iとsだ。またスペイン語（ビエトが解読した暗号の言語）ではe、a、o、s、nとrだ。一方、この方法には大きな問題がふたつある。ひとつめは、頻度は文章ごとにかなりちがいがあり、それゆえ頻出文字の第4位か5位までしか確実にはわからない。そして、意味があるデータをとるには、同じ暗号化をなされた大量の文章例が必要になる。ビエトが最初に解読した暗号文は500文字ほどで、この方法をとるにはかなり短すぎるものだ。七つの最頻出文字について、ビエトが予測した出現数はおよそeが69回、aが42回、oが36回、sが34回、nが32回、そしてrが26回ほどだったろう。しかしこの「およそ」が大きなちがいを生む。

実際の出現数には少なくとも15%の幅がある（つまりeの数は58回と80回のあいだだと思われる）。したがって、ビエトは少なくともeとaを見つけることについては自信を持っていたと思われるが、つづくo、s、nの出現数もほぼちがわないことになってしまう。どれがどの文字にあたるのか確信は持てなかったはずだ。

ビエトの突破口は、文章のなかの大きな数（ここは暗号化されていなかった）が金額の合計を表しているのではないかとあたりをつけたことだった。ならばつづく文字は "ducats"（当時の国際通貨の名前）であろうと推測できる。それでも、ほかの文字を特定するにはまだ根気のいる試行錯誤が必要だった。のちにビエトはこのように語っている。「まずすべての種類の記号について、それが暗号であれ符丁であれ、何度使われているかを記録する。つづいて、その記号の直前か直後に出てくる記号を記録し、もっとも頻度が高い組み合わせどうしを見比べて同じ単語、同じ意味の部分を探し出す。手間も紙も惜しんではならない」。

英語における文字の出現頻度。

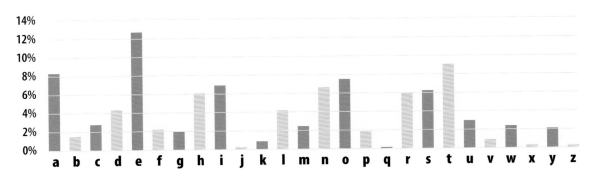

最大を求めよ
Finding the Maximum

ヨハネス・ケプラーは 1613 年にワイン商を訪れ、結婚式のためのワインを注文した。ケプラーは天文学者にして数学者で、惑星運動の数学的法則を発見したことで有名であり、二度目の結婚を間近にひかえていた。

ケプラーから注文を受けたワイン商は、請求書を発行するために、樽いっぱいのワインの量を量ろうと、樽の上から底まで対角線状に計測棒を突っ込んだ。その対角線の長さでワインの代金が決まる。ケプラーはそれに不満を覚えた。計測結果がワインの量だけでなく、樽の形にも左右されることに気づいたからだ。

もし樽の背が高く細かったら、対角線の長さは同じでも、より太く背が低い樽に比べてワインの量はかなり少なくなる。ワインの買い手にとって理想的な樽は、体積に対して対角線がもっとも短い形のものだ。

どの樽？

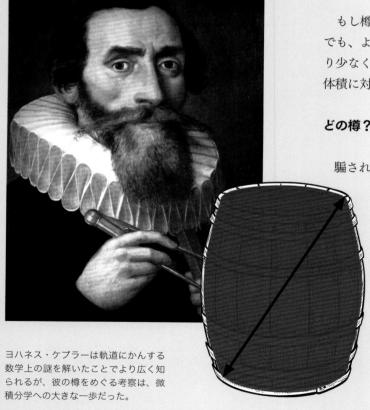

ヨハネス・ケプラーは軌道にかんする数学上の謎を解いたことでより広く知られるが、彼の樽をめぐる考察は、微積分学への大きな一歩だった。

騙されているかどうか確かめるために、ケプラーは同じ対角線の長さのたくさんのワイン樽、ただし形の寸法は異なるものの体積を計算した（計算をより単純にするためにすべて円柱とした）。ケプラーはもっとも体積が大きい樽を探した。その樽こそが、支払う金額に対してもっとも大量のワインを得られる樽だからだ。今日では、この樽の寸法を求めるのはたやすい。グラフを使えばいい（次ページのコラム参照）。しかし、グラフで表すという発想は、ケプラーの時代にはまだ発明されていなかった。

円柱の最大体積を
グラフで求める

青い線のグラフは対角線が50センチメートルの円柱の体積（ここでは立法センチメートルだが、どの単位でもかまわない）を示し、高さと幅の長さの比に対応して点が打たれている。体積の最大値は比が0.7のあたりに出現している。言い換えれば、高さ28.7センチメートル、直径41.0センチメートル（28.7/41.0≈0.7）のときだ。これはオレンジの線で示した。緑の線は青のグラフの曲線がx=0.7を通るときの接線である。接線が水平になるということは、傾きが0だということだ。さらに言い換えれば、この点では値の変化がないということになる。これに気づいたのはケプラーで、最大値に達するとき、変化量は0に近づく。今日ではこのような関数のグラフを描くのは当然の作業だが、関数をグラフで表すという発想はケプラーの時代以降にならないと発展しなかった。この最大値を求めるもっともまちがいのない方法は、関数を微分することだ。微分によって変化率を求める式がわかるので、どの点で変化率が0になるかを見つければいい。

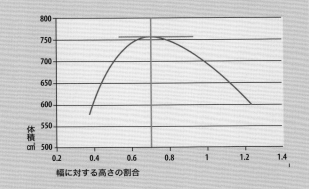

お得な取引？

ケプラーは、のちに生まれる微積分を使えばすぐに答えが出ることを手作業で行っていた。関数の最大値を求めるのだ。面倒な作業ではあったが、ケプラーにとっては喜ばしいことに、対角線の長さが等しいが直径や高さが異なる円柱形ワイン樽の中で、もっとも体積が大きかったのは、商人が使っている樽とほぼ同じ直径と高さのものだった。ケプラーは、支払った額で入手できる最大量のワインを手に入れていたのだ。

形と大きさ

ケプラーはほかにも興味深い発見をした。樽の形が細ければ、あるいは背が低くて太ければ、少し形を変えるだけで体積は大きく変わる。しかし体積が取りうる最大量に近づくと、高さや直径を同じくらい変えても体積はほとんど変わらない。これはいい知らせだ。というのも、商人が使っていたワイン樽と形がだいたいいっしょなら、ほぼ同量のワインが入るということになるからだ。細かい話に見えるが、これがまさに微積分が本領を発揮できるところなのだ。微積分はしばしば関数の最大値（または最小値）を求めるのに使われるが、最大値か最小値を求めるということは、関数の変化量が0になる点を求めることだからだ。

話はこれで終わりではない。ケプラーはワイン問題の決着に満足したものの、実用の面では、ギリシャに

円柱の最大体積を微積分で求める

円柱の体積Vを求める公式はこうだ。

$$V = h\pi r^2$$

この等式で、体積Vはふたつの変数、高さのhと半径のrを持つ関数だ。Vの持つ変数をひとつに絞って、問題をよりかんたんにすることはできるだろうか？

円柱を縦に切った断面は、高さがhで幅が2rの長方形のようになる。

例の対角線は、この長方形をふたつの直角三角形に切り分ける線だ。したがってその長さdはピタゴラスの定理より

$$d^2 = h^2 + (2r)^2$$

整理すると

$$r^2 = \frac{1}{4}(d^2 - h^2)$$

つまり、r^2の値を代入して、Vの関数からrを消すことができる。すると

$$V = \frac{h\pi}{4}(d^2 - h^2)$$
$$= \frac{\pi}{4}(hd^2 - h^3)$$

さて、hが変化すると体積はどう変化するだろうか？　言い換えると、hの値の変化はVの変化率とどう関係するのだろうか？　それを見極めるために、Vの関数をhについて微分してみよう。

$$\frac{dV}{dh} = \frac{\pi}{4}(d^2 - 3h^2)$$

ケプラーが（ほぼ）指摘したように、最大値か最小値では、関数の変化率は0に近づく。

したがって、Vを最大化するには、dv/dhが0にならなければならない。式にすると

$$\frac{\pi}{4}(d^2 - 3h^2) = 0$$

よって

$$d^2 = 3h^2$$

ということは

$$\frac{h}{d} = \sqrt{\frac{1}{3}} \approx 0.5774$$

この値から、円柱の幅（直径）に対する高さの割合h/（2r）を計算すると、0.7071となり、87ページのグラフ上で見た値と同じになる。

おいて研究されたわずかな図形の種類では不十分だと気づいてしまったのだ。ケプラーはワイン樽の正確な形の体積を求める式は使えず、円柱と仮定せざるを得なかった。一方、樽の体積を求める式は非常に複雑に

なってしまう。樽の形はあまりにも種類が多く、側面の線はほぼまっすぐなものから大きく曲がっているものまでさまざまだからだ。円柱の体積がたったふたつの値（高さと幅）で決まるのに対して、樽の体積を求

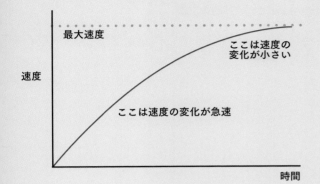

このグラフは加速していく自動車の速度を表している。運転者は可能なかぎり加速をかけている。まず、自動車の速度は急速に上がる（グラフの傾きが急）。しかし最高速度に近づくにつれ、増加率は下がる（グラフは平坦になる）。これこそがケプラーがワイン樽の研究において発見したことで、微積分が最大値と最小値を定めるのに利用しているのはこの成果だ。

めるにはもっとずっと多くの値が必要なのだ。

形をつくる

　ケプラーの解法は、アルキメデスが曲線の下の面積を求めたのと基本的には同じ（41ページ参照）だ。正確な値に、より小さな部分の値を加えつづけることで近づいていくのだ。ケプラーは、樽全体の体積を、たくさんの薄く切った円盤状の部分に分け、それぞれの体積を計算して足し合わせることで、アルキメデスの方式に従った。円盤の数が多くなればなるほど、体積の合計は樽の実際の体積に近づく。

古い手法に新たな姿

　この方式と、回転体の体積を求めるパップスの定理（パップスは環状体の体積を計算したおそらく世界初の人物。55ページ参照）を使って、ケプラーは92種

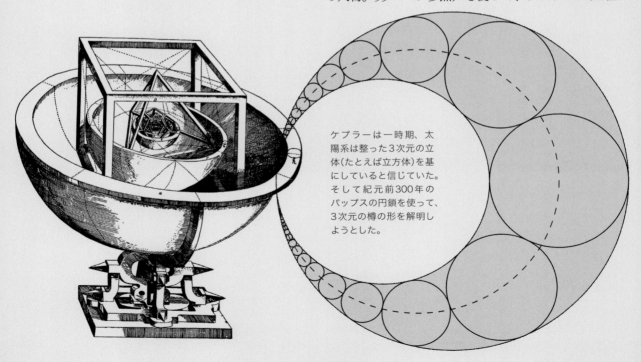

ケプラーは一時期、太陽系は整った3次元の立体（たとえば立方体）を基にしていると信じていた。そして紀元前300年のパップスの円錐を使って、3次元の樽の形を解明しようとした。

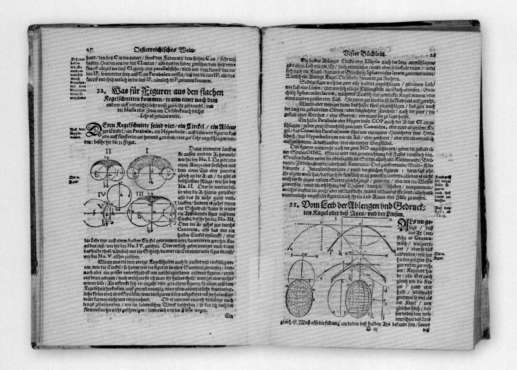

ケプラーの1615年の著書
『葡萄酒樽の新しい立体幾
何学』は古代の図形にかん
する数学を援用している。

類の立体の体積を求めた。このことからもわかるように、彼は妥協を許さない人物だった。1615年に刊行された彼の著書『葡萄酒樽の新しい立体幾何学』に、ワイン樽の体積を求めた結果が記されている。

　ケプラーの手法は数学のあらゆる分野で見られる。例を挙げると、73ページで紹介した収束級数、新たな項が加わるたびに最終的な値に近づいていく種類の級数だ。一方、ケプラーの業績は数学の分野だけではない。彼が提示した研究のひとつは、その後4世紀以上ものあいだ数学者たちを悩ませることになった。

六方最密結晶

　1611年のある雪の日、ケプラーはプラハのブルタ

ヴァ川にかかる有名な橋、チャールズ橋を渡っていた。そのとき彼のコートに雪の結晶が降りかかった。彼はその冬あまりにも貧乏で、友人のヨハネス・フォン・ヴァッケンフェルスへの新年の贈り物を買えないほどだった。そこで彼は雪の結晶でプレゼントをつくることを思いついた。ヨハネスに「なぜすべての雪の結晶は六つの角を持つか」という小論文を書き送ったのだ。ケプラーはその理由を、雪の結晶は「凍った小球」を自ら形づくって、おたがいに強く結びつき、そのもっとも密着した状態が六角形だからにちがいないと考えた。

　この六角形の構造がもっとも密着しているという発想は、トーマス・ハリオットの影響だ。ハリオットはイギリスの数学者で、サー・ウォルター・ローリーに

イスラエル・パーキンズ・ワーレンが1863年につくった、雪の結晶の形の分類表。

場所にもっとも多数の弾が積めるだろうと考えた。ケプラーはそれに同意し、六角形の構造は「可能な限りもっとも緊密で、ほかの構造でより多くの（天体の）小球を詰め込むことは不可能だろう」と述べた。この予想はケプラー予想として知られているが、2014年になってやっと正しさが証明された。

イギリスの航法士トーマス・ハリオットの、大砲の弾の詰め方にかんする研究は、数学、化学、結晶学の広範囲に衝撃を与えた。

航法士として雇われた人物だ。ローリーは北アメリカに英語話者の居住区をはじめて設置し、タバコとジャガイモをヨーロッパに持ち帰る助力をした人物である。ローリーの船で、甲板の大砲の弾が正方形か三角形の形に積まれていたが、ローリーはよりよい積み方があるのではないかと思っていた。ハリオットはそれを六角形にすれば、狭い

参照：
▶ 微積分…110ページ
▶ 自然対数の底e…122ページ

代数幾何学
Algebraic Geometry

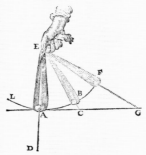

ルネ・デカルトは、幾何学で表された物体の直線運動と曲線運動を仮定した。彼の考えた体系は、数学を直線に置き換えることにもつながった。

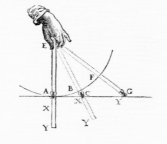

図 形は何千年ものあいだ数学の問題を解くために使われてきた。しかし方程式のグラフを描くという発想は、16世紀に至るまでだれにもなかった。

グラフを描くという発想がなかった理由のひとつとして、変数という概念が明確でなかったからだろう。多くの数学者たちは計算の実例について式を使わずに研究していた。たとえば「ある男が30時間働いて、1時間あたり2ペニーを得た。彼が得たのは週に60ペニーか月に240ペニーか……」というようなことだ。「給料の合計は1時間あたりの給料2ペニーに働いた時間を掛けて計算する」というような表現のしかたはしなかったのだ。

現金払いの数学

方程式を前にしたとき、われわれであればおそらく何本かのグラフを描いて、働いた時間ごと、あるいは

（グラフ）1時間あたり3ペニー、1時間あたり2ペニー、1時間あたり1ペニー、稼いだ金、労働時間

1時間あたりの給料ごとにどれだけの収入があるかを示すだろう。そして状況のちがいによって給料がどうなるかの答えを出すのに使う。しかし、この例において、どんなグラフを描けるか、またどんなグラフを描くのが目的に合っているかを見極めるのは難しい。

　こうした状況は、ビエトによる記号言語への導入（82ページ）によって変わり始めた。さらにこのしくみを、今日行われているように代数学に持ち込む上で、ちょっとした問題点を整理した人物がいた。その人物は数学者で、代数学の問題を解く上でのグラフの有効さもつかんでいた。ルネ・デカルトである。

自らを証明する

　デカルトの研究は多岐にわたる。天文学、生物学、そして物理学だ。しかし現在では哲学者としてもっともよく知られている。世界の確実性を研究するなかで、デカルトは全能の「邪悪な天才」の存在を想定した。その存在は人々に思い通りのものを見せ、聞かせ、また感じさせることができ、実在しないものを信じさせて嘲っているのだ。デカルトは、どんなにその邪悪な天才が強力であろうとも、デカルトから奪えないものがあると結論づけた。それはデカルト自身の存在である。「我思う、故に我あり」と彼が言葉にしたとおりだ。

　この完全に明確な基礎に基づけば、デカルトは多くのほかのものについても確実だといえると信じた。数学上の真理や物理学の基本法則についてもだ。実際、デカルトのもっとも重要な数学の業績である『幾何学』は、彼の有名な物理学の著書のひとつ『みずからの理性を正しく導き、もろもろの学問において真理を

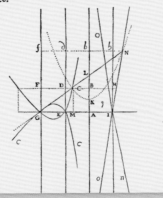

代数学を幾何学に関連づける「座標」という発想のほとんどは、ルネ・デカルトの代表的な著作の脚注に登場する。

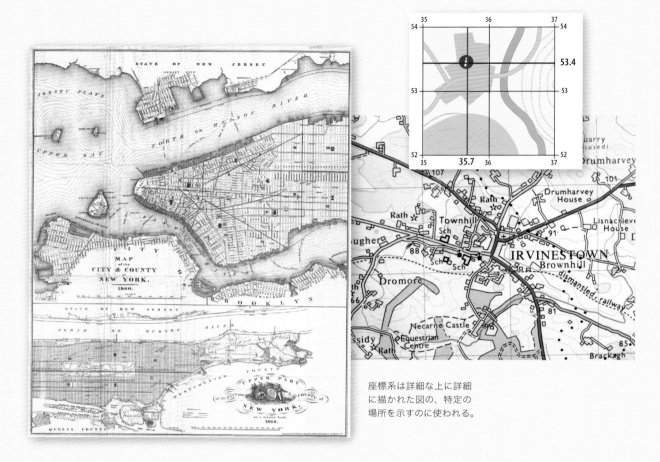

座標系は詳細な上に詳細
に描かれた図の、特定の
場所を示すのに使われる。

探究するための方法についての序説およびこの方法の試論』の最終章に納められている。

空間の中の位置

デカルトの数学上の飛躍的進歩の鍵は、座標という発想だった。1組の数で空間上の1点を表すのだ。座標はニューヨークの一部の特定の場所を示すときも同じようにはたらく。ニューヨークの道路は、南北に走るアベニューと東西に走るストリートで格子状に敷かれているのだ。ポート・オーソリティ・バスターミナルは、42番ストリートと8番アベニューの交差点に

ある。その座標は (42,8) と表せるだろう。より洗練された手法が一般的な地図でも使われている。地図のナビゲーション（もしくは格子のナビゲーション）で、地図上のあらゆる地点を示せる。したがって、いちばん上の地図では、旅行案内所（iの文字が書かれている場所）はだいたい357534の場所にある（数字の最初の三つが「東西」、最後の三つが「南北」を示す）。

これが数学とどうかかわるのか？　そう、土地だけでなく多くのものを図に表すことができるし、座標は単なる場所以上のものを示すことができる。直線のグラフは、垂直位置でyの値、水平位置でxの値を表す

デカルトの人物像を一言で言い表すことは難しい。学生のころから、数学研究を行う最高の環境は静かで平穏な場所、理想的なのは孤立した山小屋のような場所でベッドに横たわることだと考えていた。その反面、デカルトは何年ものあいだ冒険を求めてヨーロッパ全土を旅し、多くの逸話を残している。1620年、彼はプラハの近くで起こった「白山の戦い」に参加した（右の図）。これは三十年戦争でもっとも重要な戦いのひとつだ。三十年戦争はカトリック（デカルトも信徒のひとりだった）とプロテスタントの勢力争いで、勝利を収めたカトリックはヨーロッパの勢力図を塗り替えた。またデカルトは熟練した剣士だった。1621年、彼がひとりで船に乗っていたとき船員が金を奪って殺そうと襲いかかってきたが、彼はその腕前をいかんなく発揮したという。放浪の年月のあいだ、デカルトはヨーロッパの科学の進歩にかんする情報を郵便で受け取っていた。彼の文通相手のひとりはボヘミア（現在のチェコの一部）のエリザベス王女だった。彼らは何年にもわたって数学と哲学について手紙を交わした。のちの手紙の相手であるスウェーデンのクリスティナ女王は、デカルトの才能に感銘を受け、1646年にデカルトを

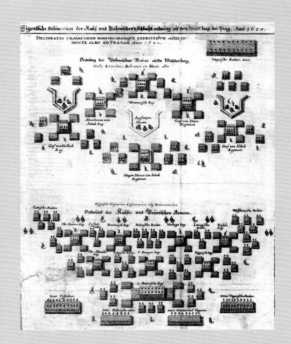

ストックホルムの宮廷に招く計画を立てた。デカルトから直接数学と哲学の講義を受けるためだ（左下の絵参照）。しかしデカルトは寒い国に行くことを嫌い、3年のあいだ彼女の依頼をはぐらかしていた。しかしクリスティナは非常に意思の固い女性で、提督が操る船を迎えに差し向けてきたので、デカルトもさすがに観念した。デカルトは1649年10月にストックホルムに到着した。クリスティナ女王はデカルトより若く活気に満ちていた（女王は22歳、対してデカルトは当時53歳）。女王はデカルトに、毎日朝5時から寒い図書館で面談をもつよう強要した。デカルトにとって予想よりはるかに悪い状況だった。とはいえデカルトは可能な限り女王の要求に従ったが、数か月をストックホルムで過ごしたところで肺炎にかかり、1650年2月、極寒のなかで亡くなった。

変形

代数幾何学は図形を変形させるのにも使える。座標(0,0)を中心とする円は、$x^2+y^2=r^2$の式で表せる。rは半径だ。赤いグラフは半径1の円だから、$x^2+y^2=1$と表す。この式を変形して、円の形を変えてみよう。水平方向に平べったくするには、式のxに定数を掛ければいい。青いグラフの式は$3x^2+y^2=1$だ。円を大きくするには、rの値を大きくすればいい。緑のグラフは$x^2+y^2=2$の円だ。円を横に動かすには、xになにかを足すか引くかする。オレンジのグラフは$(x-2)^2+y^2=1$の円だ。

$$x^2 + y^2 = 1$$
$$3x^2 + y^2 = 1$$
$$x^2 + y^2 = 2$$
$$(x-2)^2 + y^2 = 1$$

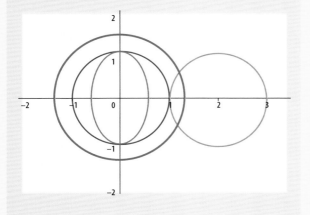

座標平面上に描かれている。座標で示す値はxとyだ。$y=2x+1$のような等式に、次のようなxの値を入れると、このような表が描ける。

x	y
−2	−3
−1	−1
0	1
1	3
2	5

グラフ1

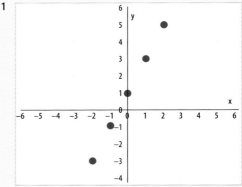

グラフ2

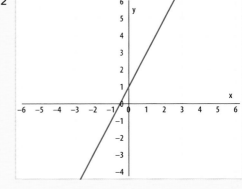

これらの値の組を座標として扱うと、グラフ1のような点が打てる。ただし、表にあるxの値は偶然選ばれた一例にすぎないわけで、グラフではとりうるxの値すべてに対応するyの値が、少なくとも点が打てる範囲ではわかるほうがよい。そこで描かれたのがグラフ2だ。

数学の新たな切り札

さて、今やわれわれは数学の方程式を単に解くだけでなく、座標で表すことができるようになった。これは大きな一歩だ。まず、代数学の新たな研究方法を手に入れた。グラフを描くことだ（左ページのコラム参照）。他方、幾何学を代数学で説明できるようになった（右のコラム参照）。実際デカルトは、あらゆる幾何学の問題は代数学の問題に置き換えられることを示したのだ。

このしくみはデカルトにちなみ、デカルト座標系（Cartesian coodinates）と名付けられた。Cartesianはデカルトのラテン語名Cartesiusからきている。このように数学のふたつの分野を強力に結びつけたことで、単なるグラフ用紙上の点と線をはるかに超えて、多くの発展と発見が生まれることになる。

参照：
▶図形と代数…34ページ
▶非実数の世界…74ページ

参照：
▶図形と代数…34ページ
▶非実数の世界…74ページ

Column
ブラウワーの不動点定理

ブラウワーの定理は、証明するのはもちろん、説明するのも難しい定理だ。おおまかにいうと、いくつかの例外を除いて、同じものを二通りの方法で表したとき、共通のきまった点を持つということだ。ライツェン・ブラウワーは、コーヒーをかき混ぜているときにこの発想を得たといわれる。彼の定理によれば、どれだけコーヒーをかき混ぜても、中に含まれる分子のひとつはかき混ぜる前とまったく同じところにある。また、もしこの本が2冊あるとして、一方の本のこのページを破いて丸め、もう一方の本の同じページを開いてその上に乗せてみる。くしゃくしゃの方に載っている文字のひとつは、無事な方の同じ文字の真上にも載っているだろう。

よい子は真似してはいけない。

フェルマーの最終定理
Fermat's Last Theorem

積分は無限小という概念を基にしている。線の下の部分の面積を求めるには、その線の式を微分する。これは線の下の範囲をたくさんの小さな部分に分けて、そのすべてを足し合わせているのだ。

この「小さな部分」が無限小だ。無限小は量をはかるには小さすぎるが0ではない大きさのことで、厳密な定義は19世紀までなされなかった。それまで、この不思議であいまいな発想を、数学において実際的で明快なものにすることに多くの研究者が挑戦してきた。ただし、ピエール・ド・フェルマーについては趣を異にする。フェルマーはフランスで、17世紀はじめに生まれた。弁護士になる訓練をし、人生のほとんどをトゥールーズの控訴院に勤めて過ごした。町の有

ピエール・ド・フェルマーは弁護士で、数学研究は趣味だった。

力者として大きな権力を得たフェルマーは、しだいに人付き合いを避けるようになる。不公正な判決を出すよう、賄賂で誘惑されることもあったからだ。順法精神が強かったフェルマーは、もちろん申し出を受けることはなく、その結果として多くの自由な時間を得た。これはフェルマーがふたたび数学研究を始めた理由のひとつだろう。実はフェルマーはほんのわずかしか論文を残しておらず、彼は多くの同時代の数学者たちと、手紙を通して活発な社会生活を営み、自分の本業に悪影響を及ぼすような危険は犯さなかった。

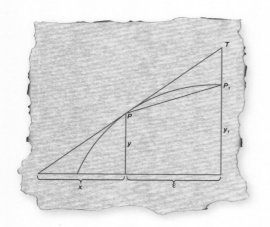

ピエール・ド・フェルマーは、曲線の接線を引くことを通じて、微積分の存在を予見した。

数学で遊ぶ

フェルマーの数学にかんする手紙から判断すると、彼は数学で友人たちをからかうことに大きな楽しみを見いだしていたようだ。例を挙げると、平方数の数列 (1,4,9,16,25,36...) と立方数 (1,8,27,64,125...) のなかには、あいだに整数をひとつしかはさまない組み合わせがある。$5^2=25$ と $3^3=27$ だ。あいだには 26 ひとつしかない。これは、平方数と立方数が、あいだに整数をひとつだけはさんでとなりあう唯一の例だが、それを証明するのは非常に難しい。フェルマーはその証明を達成し、ほかの数学者たちにも証明を求めて挑戦を投げかけた。しかし、だれもできなかった。

信頼できる用語

フェルマーは、鍛えられた法律家としての明晰な頭脳で、特に記号言語を高く評価していた。結果、彼はビエト（82 ページ）とディオファントス（47 ページ）の仕事に特に刺激を受けた。フェルマーの最大の発見のひとつは、曲線の最大値と最小値を求める方法だった。この方法と、フェルマーの無限小の使い方についての研究は、ニュートンとライプニッツによる微積分の発展を助けた（110 ページ参照）。フェルマーは「擬等式の方法」と呼ぶ、彼の手法を「証明」する概念に信をおいており、その擬等式の方法はディオファントスの『算術』から学んだと主張した。しかし実はディ

オファントスはその言葉を使っておらず、現在になっても数学者たちはフェルマーの真意を突き止められていない。フェルマーがなにか非常に興味深いことを発見したのは事実なのだが…。

欄外からの呼び声

フェルマーの歴史的に有名な発見は、人々が想像するふつうの発見ではなかった。それは秘密にされていて、フェルマーの死後の 1660 年に、息子のサミュエルによってはじめて公開された。サミュエルが父の残したディオファントス『算術』の本を調べていたとこ

フェルマーの著書『ヴァリア・オペラ・マセマティカ』の表紙。この書には、フェルマーのもっとも有名なアイデアについての記述はない。

フェルマーには本の欄外にメモをするくせがあった。左はアポロニウスの著書『円錐曲線』に書かれたメモだ。

ろ、欄外にこんな書き込みを見つけたのだ。

立方数をふたつの立方数の和に分けることはできないし、4乗数をふたつの4乗数の和に分けることもできず、あるいは一般に、指数が2より大きい場合、その指数乗の数をふたつの同じ指数乗の数の和に分けることはできない。この定理にかんして、わたしは真に驚くべき証明を発見したが、この余白はそれを書くには狭すぎる。

言い換えると、ピタゴラスの定理 $a^2=b^2+c^2$ の、2を3に代えた式 $a^3=b^3+c^3$ は成立しない。この式を満たす自然数はない。実際、フェルマーが主張しているとおり、2をどの数に代えてもこの式は成立しない。数式で表すとこうなる。$a^n \neq b^n+c^n$ $(n \neq 2)$

ワイルズの証明

多くの偉大な数学者たちが、このフェルマーの最終定理を証明しようと試みたが、よく知られているとおり、最後にその証明に成功したのはアンドリュー・ワイルズだった。彼は1995年にその証明を刊行したが、それは10歳のときから30年間挑みつづけた成果だった！ ワイルズの証明は谷山−志村予想に基づいていた。その予想とは、ふたつのまったく異なる数学的実体が、実は密接につながっているというものだった。

そのひとつは、$y^2=x^3+ax^2+bx+c$ のような式（楕円方程式）だ。次のページの曲線を表す式は、$y^2=x^3+2x^2+2x+2$ だ。

もうひとつは、モジュラー形式だ。これは非常に高

アンドリュー・ワイルズはフェルマーの最終定理を1995年に証明した。世界中の数学者たちの300年以上にわたる苦闘の末だった。

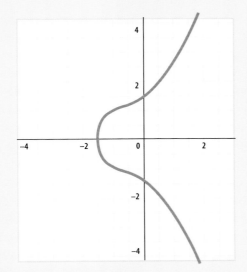

楕円曲線の一例。ワイルズによる
フェルマーの最終定理の証明にお
いて、決定的に重要な要素だ。

度な数学を使わないと説明できないが、いずれも4次
元図形である図形どうしが高い対称性を持つというも
のだ。この非常に高度な対称性がモジュラー形式の興
味深い点である（対称性の奥深い世界について、くわ
しくは142ページ参照）。

　谷山−志村予想は、すべてのモジュラー形式は楕円
曲線であるというものだ。その証拠に、どのモジュラ
ー形式からも数列を導くことができ、その数列を座標
として点を打つと楕円曲線になるのだ。

参照：
▶ ウマル・ハイヤームと
　　3次方程式…64ページ
▶ 代数幾何学…92ページ

Column
ついに証明された

　ワイルズの証明は長く複雑で、おま
けに数学の多くの分野にまたがる（い
くつかはワイルズが自身で発展させな
ければならなかった）。ものすごくお
おざっぱな概要はこのようになる。

1. もしフェルマーの最終定理が誤っていれば、任
意のnをとる式はこうなる。
$$a^n = b^n + c^n \ (n \neq 2)$$

2. $a^n = b^n + c^n \ (n \neq 2)$
は以下のような楕円方程式に書き換えられる。
$$y^2 = x^3 + (a^n - b^n)x^2 + a^n b^n$$

3. このような楕円方程式に対応するモジュラー形式は**ない**。
$$y^2 = x^3 + (a^n - b^n)x^2 + a^n b^n$$

4. しかし、谷山−志村予想からわかるとおり、これ
は不可能だ。

5. したがって
$$y^2 = x^3 + (a^n - b^n)x^2 + a^n b^n$$
は偽である。

6. しかし、2. で仮定したとおり、
$$y^2 = x^3 + (a^n - b^n)x^2 + a^n b^n$$
は以下の式と同値だ。
$$a^n = b^n + c^n \ (n \neq 2)$$
したがって、
$a^n = b^n + c^n \ (n \neq 2)$ も偽であるということになる。

7. 一方、「$a^n = b^n + c^n \ (n \neq 2)$ は**偽である**」はフェルマー
の最終定理そのものである。

8. 以上によって、フェルマーの最終定理は真であ
ると証明された。

パスカルの三角形
Pascal's Triangle

デカルト同様、ブレーズ・パスカルも、数学と同じくらい哲学と物理学に興味を持っていた。彼は、数の強力なパターンを発見した。

パスカルの父は税務署員で、パスカルに数学を教えたのは父だった。父のおもな仕事は、計算だった。税務署員としてのその計算量は途方もないものだった。パスカルは父親の仕事を手伝うため、計算を父親の代わりに行ってくれる機械をつくろうと決意した。彼は19歳で機械計算機づくりを始めた。計り知れないほど膨大な時間を費やし、3年の歳月と50台の試作機を経て、世界初の機械計算機をつくりあげた。その機械はほどなくパスカリーヌと呼ばれるようになった。

確率のゲーム

パスカルはフェルマー（98ページ参照）の数多くの文通相手のひとりだった。数学にかんする多くの書簡を交わし、確率論についての基本概念の多くをともに発展させた。そのころ、確率論を研究するおもな原動力は賭け事だった。裕福な人々（そしてそれほど裕福でない人々）は、日常的にいろいろな種類の賭け事に大金を賭けていた。人気があったのはトランプ、サイコロ、コイントスなどだ。当時の課題はどの結果が起こる可能性がそれぞれどれくらいあるかを知ることだった。例を挙げると、3枚のコインを投げるとして、2枚表（head=H）に1枚裏（tail=T）が出る確率はどのくらいか？　いちばんかんたんな方法は、あ

晩年、ブレーズ・パスカルは数学や科学から離れ、生と死について考えつづけた。

りうる結果をすべて書き出すことだ。全部で8通りある：HHH、HHT、HTH、THH、TTH、THT、HTT、TTT。次に、望む結果になっているものを探す。HHT、HTH、THHの3通りだ。

つづいて両者を割り算すると3/8になる。したがって、8回やって3回希望の結果を得る可能性がある。これは小数で表すことができ、3/8=0.375だ。百分率に直すと0.375×100=37.5(%)になる。すべて裏、すべて表、あるいは2枚裏で1枚表、どの確率も同様に求められる。それぞれの確率はこのようになる。

すべて表	1/8
2枚表、1枚裏	3/8
2枚裏、1枚表	3/8
すべて裏	1/8

下：現存する9台のパスカリーヌのひとつ。　　**上**：3枚でコイントスするとき、起こりうるいくつかの事例。

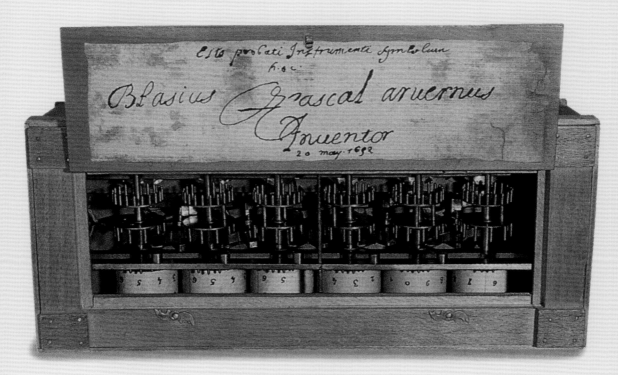

しくみをつくる

この方法は十分かんたんだが、公式を使ってコイントスのあり得る結果を出せるなら、いちいち全部を挙げていくより早くて確実だ。公式を導くために、パスカルは長く数学の世界で知られることになる方法を使った（おそらく彼は自分で使うためにその方法を発見したと思われるが）。パスカルは1を三角形の形に並べた。

がなかったら、0があるとみなす）。これを繰り返したいだけ繰り返す。下の図では8行（0から7まで）だ。

それぞれの行にある数の和が右に書かれている。行の番号は左側だ。行番号が緑色の行は、3枚のコインを投げたときの8通りの場合を示している。前の例で見たとおりだ。4枚のコインを投げたときの16通りの場合は、行番号4の行を見ればいい。すべて表になるのが16通りのなかで1通り、3枚表で1枚裏になる

つづいて右のような三角形をつくった。どの数も、上の左右にある数の和になっている（もし左右どちらかの上に数

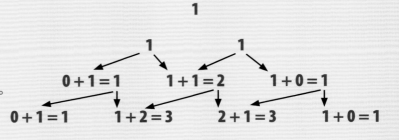

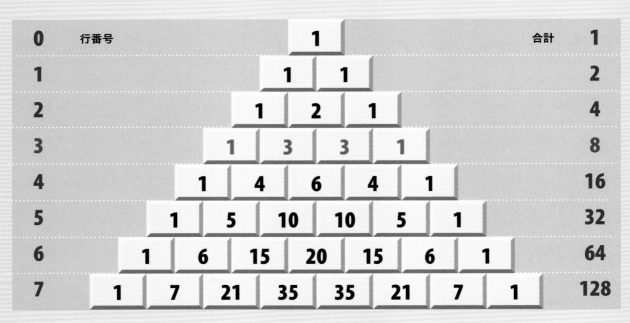

行番号									合計
0				1					1
1			1		1				2
2			1	2	1				4
3		1	3		3	1			8
4		1	4	6	4	1			16
5	1	5	10		10	5	1		32
6	1	6	15	20	15	6	1		64
7	1	7	21	35	35	21	7	1	128

Column
斜線の
パターン

1. 2行目の1から左下の方向には自然数の数列が現れる。

2. 3行目の1から左下の方向には三角数の数列があらわれる。三角数は球で三角形をつくるときの球の個数。

3. そして4行目の1から左下の方向には三角錐数の数列があらわれる。三角錐数は、球で三角錐をつくるときの球の個数。

Column
11の
累乗数

パスカルの三角形の各行は、11のべき乗数としても読むことができる。行番号4からその法則が壊れているように見えるが、下で説明するように実は成立している。

	べき乗数	パスカルの三角形の各行に出現する数	式
11^0	1	1	$1(10^0)$
11^1	121	1,2,1	$1(10^2) + 2(10^1) + 1(10^0)$
11^2	1,331	1,3,3,1	$1(10^3) + 3(10^2) + 3(10^1) + 1(10^0)$
11^3	14,641	1,4,6,4,1	$1(10^4) + 4(10^3) + 6(10^2) + 4(10^1) + 1(10^0)$
11^4	161,051	1,5,10,10,5,1	$1(10^5) + 5(10^4) + 10(10^3) + 10(10^2) + 5(10^1) + 1(10^0)$
11^5	1,771,561	1,6,15,20,15,6,1	$1(10^6) + 6(10^5) + 15(10^4) + 20(10^3) + 15(10^2) + 6(10^1) + 1(10^0)$

単純に、数が2ケタになったら左隣の位に繰り上がり、すでに入っている数に足されると考えればいい。したがって行番号5の行の値は右のようになる。

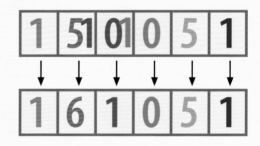

のが16通り中4通り、2枚表で2枚裏になるのが16通り中6通り、1枚表で3枚裏になるのが16通り中4通り、4枚とも裏になるのが16通り中1通りだ。いずれもパスカルの三角形に示されている。

等比数列

各段の数の合計（104ページのパスカルの三角形の右側）は数列になっている。この場合、2のべき乗だ。$2^0=1$、$2^1=2$、$2^2=4$、$2^3=8$、$2^4=16$のように。この数列を等比数列という。パスカリーヌが計算にかかる労力を大幅に省いたように、いましくみを見てきたパスカルの三角形は、数学の面倒くさい作業を簡略にし、計算ミスも起こりにくくする。たとえば$(x+y)^2$を展開する（かっこを外す）のはあっという間だし、かんたんで、$x^2+2xy+y^2$だ。$(x+y)^5$ではどうか？

　これも三角形から見つけられる。行番号2の行には、さっきの式$(x+y)^2$の係数が並んでいる。$(x+y)^2$は$1x^2+2xy+1y^2$だ。x+yの5乗の係数は行番号5を見ればいい。$(x+y)^5=1x^5+5x^4y+10x^3y^2+10x^2y^3+5xy^4+1y^5$だ。(行番号0の行が気になるかもしれないが、その行もうまくいく。$(x+y)^0=xy^0=1$だ)。

　かっこの中にふたつの変数があるので、このような展開を2項展開という。パスカルは三角形の中に、ほかにもたくさんのパターンを発見した。そのおかげで、のちの数学者はさらにいくつものパターンを発見することができた。

全能なる神の対決

　パスカルは非常に才能豊かな数学者だったが、彼の人生でもっとも大切なものは信仰だった。パスカルの両親は、ジャンセニスムと呼ばれる信仰深い宗派の一員で、パスカルもイエズス会を苦しめるべく自分は神に選ばれ、イエズス会は地獄行きの運命にあると信じていた。一方、同時代に生きたもう一人の偉大な数学者ルネ・デカルトは、イエズス会の一家に育った。そのため、この二人は顔を合わせたことがあるが、残念ながらあまりうまくいかなかった。

瀕死の体験

　パスカルの信仰は、1654年に九死に一生を得た体験でより強くなった。彼の乗った馬車を引く馬が、突然驚いて走り出し、橋の際から落ちたのだ。馬と馬車をつないでいた綱が最後に切れたため、馬車とパスカルは川に落ちずに済んだ。その後の一生にわたって、

Column
数列と組み合わせ

　パスカルの三角形にはフィボナッチ数列も隠れている。下のように斜線上の数を足していくと、

1,1,1+1,1+2,1+3+1…

つまり **1,1,2,3,5…** だ。

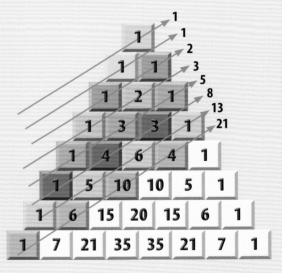

　パスカルの三角形からは組み合わせの個数も読み取れる。1週間に2日休みを取るとしよう。何種類の組み合わせがあるだろうか？　三角形の行番号7の行を見ればいい（一週間は7日だから。ただし最初の行を0として数える）。そしてその行の2番目の数を見る（休みは2日取るから。ただし最初の数を0番目として数える）。数は21だから、21個の曜日の組み合わせがあることがわかる（土日、土月、土火、土水、土木、土金、日月、日火、日水、日木、日金、月火、月水、月木、月金、火水、火木、火金、水木、水金、木金）。

参照：
▶数列と級数…66ページ
▶ピタゴラス派の人々…26ページ

Column
パスカルの賭け

　哲学者たちには、パスカルの三角形よりも、彼の「賭け」に馴染みがある。パスカルの賭けにはいくつかの形があり、そのうちのひとつは「もし神が存在して、わたしが彼に祈るなら、わたしは天国に行くだろう。もし神が存在せずわたしが彼に祈っても、悪いことはなにも起こらない。したがってわたしは神に祈った方がよい」というものだ。

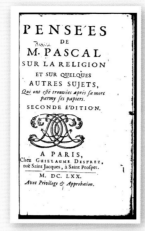

『パンセ（思考）』は、ブレーズ・パスカルの著書で、神への祈りの賭けについても書かれている。

パスカルは落下の恐怖にとりつかれた。室内にいるときでさえもだ。友人が椅子を置こうとして、その場所がパスカルの想像上の橋の欄干にあたる場合には、それは単なる悪い幻想だと彼を安心させなければならなかった。

晩年

　パスカルの信仰の度合いは極端だったので、彼は数学の研究さえも神を悲しませるのではないかと恐れ始めた。しかしある夜、歯が痛くて眠れなかったパスカルが、痛みを忘れるため数学の問題に取り組むと、歯の痛みは消えていった。これによってパスカルは、数学は神に許された活動であると考え直し、研究に没頭した。パスカルは39歳の若さで亡くなったが、物理学の分野でもいくつかの興味深い業績を残した（特に流体の運動にかんする業績が有名。今日この分野は数学研究の対象にもなっている）。哲学の分野でも、地獄に落ちる数学的な確率についての考察がよく知られている（左のコラム参照）。

Column
**フラクタル
模様**

　数学の新たな概念の多くがそうであるように、パスカルの三角形が持つ要素のすべてが当時理解されていたわけではない。パスカルの死後長い時間が経ってから、多くの数学者たちがフラクタルを探求し始めた。フラクタルは、狭い範囲を拡大すると同じ模様の繰り返しに見える模様のことだ。一例は海岸線で、どれだけ見つめても入り組んで見えるものだ。海岸線の特定の箇所の写真を、1キロメートル上空、1メートル上空、1センチメートル上空から撮ったとしても、海と陸が出会う場所はどれもよく似て見えるだろう。

　下の図はパスカルの三角形と関係の深いフラクタルで、シェルピンスキーの三角形と呼ばれる。これは三角形でできた模様で、細部を拡大すると同じ模様に見え、パスカルの三角形の数の中から奇数だけに色を塗るとできる。

　右下のなんとなく三角形っぽい模様がその一例。より大きなパスカルの三角形でも、そのまま同じ模様が繰り返しあらわれる。

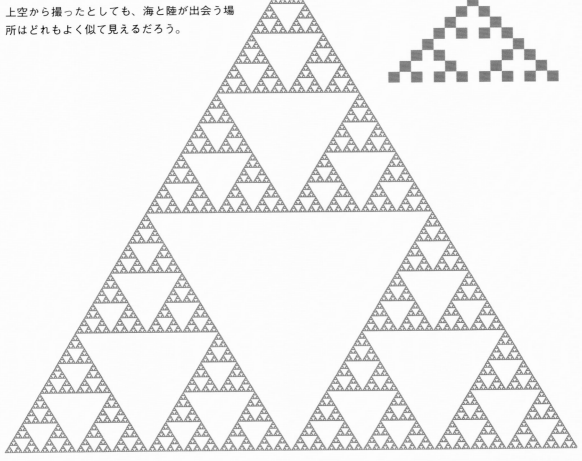

微積分
Calculus

微積分は、おそらく数学と科学の双方にとって唯一もっとも重要な道具だ。微積分はヌーの群れから化学反応の温度まで、あらゆるものの変化を扱う。

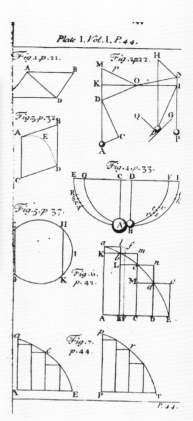

『プリンキピア』は、アイザック・ニュートンが、イングランドを壊滅させる伝染病から逃れて、田舎の別荘で隠遁生活をしているときに書かれた。

多くの数学者が、微積分について先駆的といえそうな発見をした。しかし本当に先駆者の名に値する発見をしたのが誰かは明白だ。アイザック・ニュートンである。あるいは、ゴットフリート・ライプニッツである。問題は、ニュートンが17世紀当時の数学者の標準からしてもかなり秘密主義だったことだ。彼は

自身の最高傑作をようやく1687年に刊行した。『プリンキピア（自然哲学の数学的諸原理）』はそれまでに書かれた科学の本の中でもっとも重要なものだろう（「自然哲学」とは現代でいう物理学）。自身で発見した物体の運動と重力の法則に基づいて、ニュートンは月や惑星、彗星、それらと同様に、地球上で落下したり投げられたりした物体、それぞれの運動を説明し正確に予測できるようになった（空気抵抗の影響は除くものとする）。本の中で、ニュートンはギリシャ幾何学の手法を使って、彼が導いた多くの強力な成果を証明した。歴史家のほとんどは、ニュートンが最初にそれらを考案したときには微積分を利用しただろうと考えている。おそらくニュートンは、検算に幾何学を使ったのだろう。というのは、ギリシャ式の証明にはだれも文句を言わないだろうし、この本における物理学

ライブニッツは、パスカルの機械計算機の発想を発展させ、足し算だけでなく掛け算もできる機械をつくった。その設計は1940年代まで使われた。

は挑戦的すぎるので、新たな数学を持ち出してさらに読者を混乱させるのは望ましくないとニュートン自身わかっていたからだ。ニュートンにとって不幸なことに、発見者として名を刻まれるのは最初に公表した人間だ。そしてそれは間違いなくドイツの哲学者にして数学者、ゴットフリート・ライブニッツだった。彼は微積分にかんする本を1700年に刊行する。

完璧なしくみ

両者ともに疑いなく天才だったし、それぞれ壮大な計画を持っていた。ニュートンは宇宙を総括する完璧な数学理論をつくり、永遠の生命の謎を解いて、聖書に秘められた意味を解読することを望んでいた。一方、ライブニッツは世界を統括する完璧な哲学理論を発展させ、すべての議論や論争を計算によって解決しうる論理言語を創造して、すべての宗教戦争を終わらせることを望んでいた。

現在では、二人がそれぞれ独立に微積分を発見したと認められているが、当時（およびそれからしばらくのあいだ）、イギリスとヨーロッパの大陸側の科学者たちは、だれを微積分の発見者とするかをめぐってはげしく口論していた。

微分

微分は変化量を明らかにする。$y=ax^n$ の形の関数の場合、微分式は

$$\frac{dy}{dx} = nax^{(n-1)}$$

したがって、たとえば $y=5x^2-5x+12$ のような関数は、このように微分できる。

$$\frac{dy}{dx} = 5 \times 2 \times x^{(2-1)} - 5 \times 1 \times x^{(1-1)} + 0$$

$$\frac{dy}{dx} = 10x^1 - 5x^0 + 0$$

数を1乗してももとの数のままなので、$10x^1=10x$
そして、数の0乗は1になるので、$5x^0=5$
したがって結論は、

$$\frac{dy}{dx} = 10x - 5$$

この場合、もとの式の12はどうなるのか疑問に思うだろう。この12が消えるのも、公式 $dy/dx=nax^{(n-1)}$ に当てはめた結果なのだ。$x^0=1$ なので、もとの式の12は $12x^0$ と考えられる。公式に当てはめると $12 \times 0 \times x^{(0-1)}$ だから、0だ。

公式 $dy/dx=nax^{(n-1)}$ は、曲線を短い直線の連続だとする考え方を基にしている。直線に傾きがある（92ページ参照）ように、曲線にもたくさんの、ある意味曲線上のどの点にも、その点に触れるが交わることのない直線を引くことができる。この直線が接線で、接線の傾きがその点における曲線上の傾きにあたる。こ

れは曲線の式を微分することで確かめられる。式が $y=x^2$ だとすると、$dy/dx=2x$ だ。$x=1$ である点での傾きは2で、これは $y=x^2$ のグラフ上でもわかる。$x=1$ の点に引いた接線の傾きは実際に2になるのだ。

直線を示す式は $y=mx+c$ だ。その直線の傾きは直線上の任意の2点 $(x_1、y_1)$、$(x_2、y_2)$ に対して

$$m = \frac{(y_2 - y_1)}{(x_2 - x_1)}$$

さて、曲線の傾きはその点ごとにちがうので、x_1 と x_2 の値を適当に選ぶことはできない。もし x_1 と x_2 が大きく離れていたら、その2点を通る直線は曲線を横切ってしまう。x_1 と x_2 はごく近くなければならない。その2点間のごく短い曲線の部分を、直線と考えてもいいくらいに近づけるのだ。そのごく短い曲線の部分の長さを文字dで表そう。したがって、xのほんのちょっとの変化は dx、yのほんのちょっとの変化は dy と表せる。傾きを表す式は次のようになるだろう。

$$m = \frac{(y_1 - (y_1 + dy))}{(x_1 - (x_1 + dx))}$$

これを $y=x^2$ にあてはめてみよう。この曲線の傾き (s) を求めるために、この m を求める式のyを x^2 で置き換えると

$$m = \frac{(x_1^2 - (x_1 + dx)^2)}{(x_1 - (x_1 + dx))}$$

これを展開すると

$$m = \frac{(x_1^2 - (x_1^2 + x_1\,dx + x_1\,dx + dx^2))}{-dx}$$

つまり

$$m = \frac{-2x_1\,dx - dx^2}{-dx}$$

さて、dx はとても小さな値であることはすでに述べた。したがって、これを2乗するとさらに小さくなる（100万分の1を2乗すると1兆分の1になるのと同様に）。つまり、$m \approx 2x_1$ といえる（$\approx$ は「およそ」を意味する）。これはxの値がなんであれ成り立つので、x_1 と書かずに、もう単にxと書けばよい。$m \approx 2x$ だ。これこそが求めたかった微分式である。結論として、$y=x^2$ の微分式は

ロンドンの王立協会で、だれが微積分を発明したかを議論する様子。討論の議長はアイザック・ニュートンで、真の発明者は自分に間違いないと考えていた。

$$\frac{dy}{dx} \approx 2x$$

　この式をx^3やほかのべき関数（ただし指数を自然数とする）にも当てはめる形にすると、こうなる。

$$\frac{dy}{dx} \approx nax^{(n-1)}$$

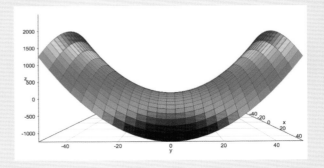

　$\approx$の記号について考えておこう。この議論の次の段階は、何十年もの討論が必要なものだった（166ページで取りあげる）。つまりこういうことだ。「dxはxの非常に小さい変化であり、非常に小さいゆえに、実際dxの値は限りなく0に近いが、0そのものではない」。この状態のことを「限りなく0に近づく」または「極限まで0に近づく」という。dxが0にはならない理由は、dy/dxが$0/0$になってしまい、定義できないからだ。dxがほぼ実質的に0であるがゆえ、$(dx)^2$は非常に小さく、ほぼ0だと言ってしまってよい。つまり、$(dx)^2=0$だ。この場合、$\approx$の記号を取り除くことができる。

$$\frac{dy}{dx} = nax^{(n-1)}$$

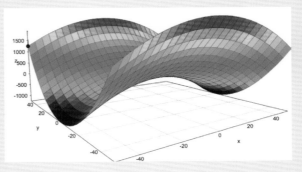

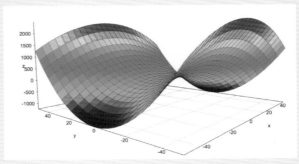

3次元平面を微分するには、
第三の変数zを加えなければ
ならない（176ページ参照）。

　ここまでの説明を読んでも、すぐには納得がいかないだろう。多くの数学者たちもまったく同じだった。他方で、微分公式は実にうまくはたらく。それはすでにわかっている知識に当てはめればわかる（注意：微分は直線の傾きだけを意味するわけではない）。たとえば、円の面積（A）を求める公式を微分すると、まさに円周の長さ（C）を求める公式になる。以下のとおりだ。

$$A = \pi r^2$$

$$C = \frac{dA}{dr} = 2\pi r^{2-1} = 2\pi r^1 = 2\pi r$$

　このように微分がうまくはたらくことを確認できる。原理に納得がいかないとしても…。

積分

　積分は微分の逆だ。とりわけ、曲線の下の面積を求めるのに使われる。$y=ax^n$の形の関数の場合、積分式は、

$$\int ax^n dx = \frac{ax^{(n+1)}}{(n+1)} + c$$

　この式を求める注意点はふたつだ。公式は$n=-1$のときは使えない。また、最後のcは任意の定数だ（定数を微分すると0になるから、0を積分するとある定数になる）。関数を積分すると表れるこの定数はたいへん不便だが、幸運なことに、なにか具体的なケースに応用すればこの定数は取り除くことができる。ここに一隻のロケットがあるとしよう。速度は毎秒0.4フィート（12.2センチメートル）/秒増えていく。つまり速度vは時間tに対して$v=0.4t$と書ける。

　では「このロケットはどれだけの距離を飛んだか？」という問いに答えよう。加速度は速度の変化率であり、速度は位置移動の変化率（あるいは移動距離の変化率といわれる）である。微分は変化率にすぎず、加速度は速度の微分で速度は移動距離の微分である。また、積分は微分の逆の操作だから、移動距離は速度の積分、速度は加速度の積分ということになる。

　つまり、なにかがどれだけ移動したかを求めたいなら、速度を求める式を積分すればいいのだ。式を公式に代入し、xでなくt（時間）について積分する。

$$\int at^n dt = \frac{at^{(n+1)}}{(n+1)} + c$$

　速度を求める式は$v=0.4t$。次になにをするかをはっきりさせると、この式で変数を指数の形で表す。例：t^1（もちろんt^1はtと同じもので、1は書かなくてもよいわけだが、その存在の意味を次の行で示そう）。aで表される係数は0.4なので、式はこうなる。

$$\int 0.4t^1 dt = \frac{0.4t^{(1+1)}}{(1+1)} + c$$

$$= \frac{0.4t^2}{2} + c$$

$$= 0.2t^2 + c$$

　そんなに使い物にはならない答えになった。というのは、cはどんな値でも取りうるからだ。

　最初の疑問に戻ると、なぜこんな助けにならない答えが出たのかがはっきりわかる。その理由は、問いが曖昧だからだ。「このロケットはどれだけの距離を飛んだか？」と問うのは、どのくらいの期間飛んでいたのかがわからなければ意味がない。いつ打ちあげられたかさえわかれば、この疑問は妥当な答えが出せる疑

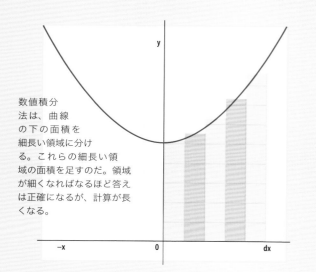

数値積分法は、曲線の下の面積を細長い領域に分ける。これらの細長い領域の面積を足すのだ。領域が細くなればなるほど答えは正確になるが、計算が長くなる。

もしニュートンとライプニッツがいなければ、宇宙航行を制御することは不可能だった。

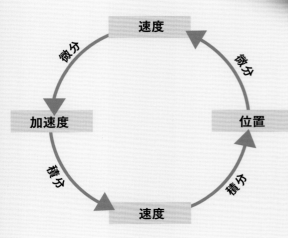

問になる。したがって、問いはこのようになる。「このロケットは打ちあげられて10分のあいだにどれだけの距離を飛んだか？」。

いま直面している問題は、答えが不定でなくひとつに定まる問題だ。これにともなって、この条件があれば不定積分でなく定積分の計算ができる。この場合の定積分は

$$\int_{t=0}^{t=600} 0.4t\,dt$$

600は10分を秒に直した値だ。0は、問題をかんたんにするために、ロケットの打ちあげ時刻を0とする

ということだ。積分は前述の通り進むが、最後の答えは角かっこで囲んで次のように表す。 $[0.2t^2 + c]_0^{600}$ この値は変数（t）に値（0と600）をそれぞれ当てはめて差を出せば求められる。

$=(0.2 \times 600^2 + c) - (0.2 \times 0^2 + c)$

$=72{,}000 + c - c$

$=72{,}000$

この値の単位はロケットが移動した距離（フィート）だ。計算のもとになった速度の単位がフィート／秒だったからである。そして、不便なcはそれがなんだったのかもわからないまま取り除かれてしまった。

積分と微分のより発展的で深い内容については、176ページを見てほしい。

参照：
▶微積分の基本定理
　…136ページ

微分方程式
Differential Equations

自然現象は、変化がすべてといっても言いすぎではない。微分方程式は、それぞれの状況で変化を予測する数学的方法だ。

舞うか予測することができる。もっとも強力で活用範囲の広い法則は、数学的な形式で表現され、多くの場合、微分方程式の形をとる。

微分製造機

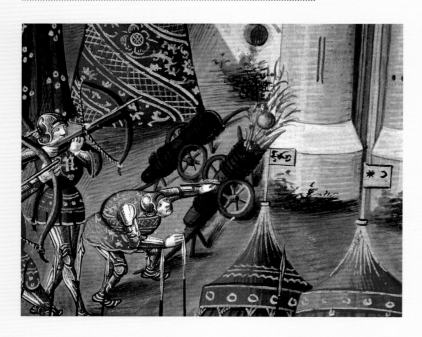

微分方程式のもっとも単純な形は、「微分」（変化する量）が一種類の変数とイコールで結ばれているものだ。例を挙げると、ロケットの速度はジェットを噴出するたびに変化する。噴出がはげしくなればなるほど（変数T）速度はどんどん速くなる。微分式はこの速度の変化を示し、dv/dt と

科学者のほとんどは、対象のものがどのように変化するかについて研究している。その対象は天体、動く物体、化学反応、生物、人間の精神、あるいは宇宙全体に及ぶ。科学者たちはこれらの変化を表す法則を定義づけ、明らかにしようと努力する。法則を発見すれば、その法則にかかわるものが異なる状況でどう振る

微分方程式の実利的な使い道は、大砲の狙いを定めるというものだ。この手法は、大砲による戦場の技術が広まった15世紀以降、数学者たちの目的となった。

表す。このロケットは1秒4回の噴出で毎秒1フィート（30.48cm）速くなるとしよう。これを式にすると

$$\frac{dv}{dt} = 4T$$

これが微分方程式だ。この式をなにに使おう？　そう、この式から新たな方程式を導くことができる。ひとつは速度変化でなく速度を表す式だ。速度から速度変化を求めるには、上にあるように微分した。ということは、逆に速度変化から速度を求めるには積分すればいい。

$$v = \int 速度変化 = \int \frac{dv}{dt} \, dt = 4Tt + c$$

問題は積分定数cだが、いつもどおり、問題をさらに具体的にすることで解決できる。30秒間ジェットを噴出したあとの速度はどれくらいか？　定積分を行うことで、以下のように求められる。

$$\int_{t=0}^{t=30} \frac{dv}{dt} \, dt = [4Tt + c]_0^{30} = 120T$$

さらに先へ

単純な例だと、ロケットのような一定の事例しか扱えないが、物理学の法則のいくつかは同じくらい単純だ。そのひとつが重力法則だ。地面のそばにあり、地面に向かって落ちていく物体は、地球の重力によって加速される（加速は速度変化と同じ意味だ）。地球の重力加速度（g）は32.2フィート（9.8メートル）毎秒毎秒だ（ものが落ちるとき、1秒後には毎秒32.2フィートの速さで、2秒後には毎秒64.4フィート、3秒後には毎秒96.6フィートになるということ）。これをdv/dt=gと表せる。

この微分方程式から新たな方程式を導くことができる。落ちる物体の加速度でなく速度だ。もう一度、速度を求めるために積分する。

$$v = \int 加速度 = \int \frac{dv}{dt} \, dt = gt + c$$

アイザック・ニュートンは1680年に飛来した彗星（ニュートン彗星と呼ばれる）の軌道計算で、彼の新たな数学を試した。

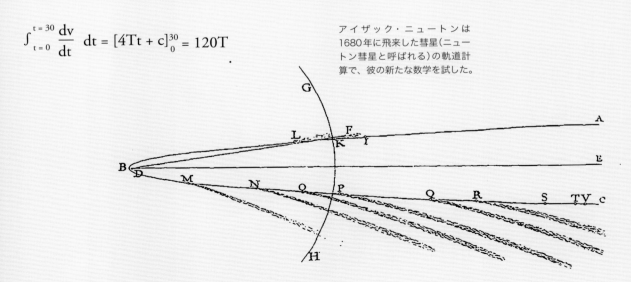

つづいて積分定数cを取り除くために、問題を具体化する。30秒後の物体の落下速度は？　答えは、

$$\int_{t=0}^{t=30} \frac{dv}{dt}\,dt = [gt+c]_0^{30} = 30g = 966\ ft/s\,(294m/s)$$

常微分か偏微分か

微分方程式は微積分の自然な発展形で、したがってライプニッツとニュートン両方の著作にあっても不思議ではない。最初に書籍に残したのはライプニッツで、このような記述だった。

$$\int x\,dx = \frac{1}{2}x^2$$

これは非常にかんたんで、ただ微分すればいい。

$$\frac{d(\int x\,dx)}{dx} = x$$

このような微分方程式しかないのなら、数学と物理学の歴史はずっとかんたんだったろう。一方、ニュートンは微分方程式を、彼が発見した物体の運動と重力の法則から、現実の問題（軌道上の月の移動速度のような）を解く手段として使った。ニュートンはさらに複雑な問題を解こうとし、また現在も使われているような、微分方程式のふたつのおもな分類を定めたのも彼だった。常微分方程式（ODE）と偏微分方程式（PDE）である。上記の例はODEにあたり、ODEは物理現象を研究するのによく使われる。自然現象はかなり複雑で、物理法則には複数の変数が含まれることが多い。例を挙げると、空間内のものの位置にかかわる法則はどれも（あるいは海水の水温を示す法則も。これをTとする）、三次元の中でのものの位置に基づ

実際にはニュートンは、微分方程式を彼の新たな物理学の発展に用いていたが、彼の1687年刊行の代表作『プリンキピア』にはまったくそんな記述はない。

いている（x,y,z）。つまり、水の中の位置によってどう水温が変動するかを示すには三つの微分方程式が必要だということだ。$\partial T/\partial x$、$\partial T/\partial y$、$\partial T/\partial z$の三つである。そして、時間(t)によってどう水温が変化するかについても研究したいなら、四つめの変数が必要だ。$\partial T/\partial t$である。これらはどれも偏微分方程式だ。ほとんどの場合、これら偏微分方程式は解くにはむずかしすぎるし、多くの場合、元来解けない。そしていくつかの場合、解があるのかどうかすらわからない。

アングロ＝アイリッシュの数学者サー・ジョージ・ガブリエル・ストークスの肖像。彼はフランスの技術者にして物理学者クロード＝ルイ・ナビエに直接会うことはなかったが、流体にかかわる数学に共通の興味を持った。

流れる液体

たったひとつのPDEが、100万ドルに値する問いを生み出した。どんな流体の振る舞いも、それがどんな動きであろうと、四つの力どうしのかかわりで決まる。慣性力、圧力、粘性力（濃さ）、そして重力だ。それらがどうかかわるかは次のとおりだ。慣性力（流体の濃度（ρ）と各方向への速度（v_x, v_y, v_z））＝−圧力(P)＋粘性力（μ）＋重力(g)。流体の状態は位置と時間によって異なり、したがって流体の振る舞いを示す微分方程式も偏微分方程式になる。実際、もっとも簡便なのは、三つの次元にそれぞれ対応した三つの偏微分方程式を導くことだ。これはナビエーストークス方程式と呼ばれている。その方程式は流体に起こることのほとんどを模式化することができる。スプーンをボウル一杯のシロップにさし入れたとしよう。スプーンはシロップに圧力をかける。スプーンから発してすべての方向に押す力だ。しかしそのシロップは粘度が高い（濃い）ので、その圧力に反発する。また、ほかの物質や物体と同じように、そのシロップは慣性力によって動きに反発する。最終的に、スプーンはいくらかのシロップを押しのけ、ボウルの水面を少し持ち上げる。しかしこの力は重力によって抑えられる。重力はシロップを下に引いて水面を下げようとするのだ。

$$\rho\left(\frac{\partial v_x}{\partial t} + v_x\frac{\partial v_x}{\partial x} + v_y\frac{\partial v_x}{\partial y} + v_z\frac{\partial v_x}{\partial z}\right) = -\frac{\partial P}{\partial x} + \mu\left(\frac{\partial^2 v_x}{\partial x^2} + \frac{\partial^2 v_x}{\partial y^2} + \frac{\partial^2 v_x}{\partial z^2}\right) + \rho g_x$$

$$\rho\left(\frac{\partial v_y}{\partial t} + v_x\frac{\partial v_y}{\partial x} + v_y\frac{\partial v_y}{\partial y} + v_z\frac{\partial v_y}{\partial z}\right) = -\frac{\partial P}{\partial y} + \mu\left(\frac{\partial^2 v_y}{\partial x^2} + \frac{\partial^2 v_y}{\partial y^2} + \frac{\partial^2 v_y}{\partial z^2}\right) + \rho g_y$$

$$\rho\left(\frac{\partial v_z}{\partial t} + v_x\frac{\partial v_z}{\partial x} + v_y\frac{\partial v_z}{\partial y} + v_z\frac{\partial v_z}{\partial z}\right) = -\frac{\partial P}{\partial z} + \mu\left(\frac{\partial^2 v_z}{\partial x^2} + \frac{\partial^2 v_z}{\partial y^2} + \frac{\partial^2 v_z}{\partial z^2}\right) + \rho g_z$$

現実世界での応用

ナビエ–ストークス方程式は数学者と技術者に多く

の分野で活用されている。気象予測、海洋学、乗り物の設計、地震学、パイプライン技術、風力発電基地の設計、そして環境汚染調査などだ。

ナビエ–ストークス方程式があれば、スプーン一杯の牛乳をコーヒーに垂らしたとき、どのように牛乳とコーヒーが混ざっていくかを説明できる。あるいは、ろうそくの火を吹き消したとき、

右：コーヒーハウスは、ヨーロッパで17世紀に生まれた。ただようコーヒーの香りが、多くの新しい数学の発想を生み出した。おそらくナビエ-ストークス方程式も。

下：水がそれほど濃くも粘度が高くもなかったからよかったが、そうでなければ噴水を見ることはできなかっただろう。

芯から立ち上る煙のパターンも模式化できる。加えて、回転するとき水の攪乱を最小限にする船のスクリューを設計したいなら、ナビエ–ストークス方程式が答えを知っているだろう。

現実世界での困難

　通常、もし微分方程式と、答えがほしい課題があったなら、その方程式からなにか課題に回答を与えてくれそうな公式を抽出しようとするだろう。したがって、コップの水に垂らした一滴のインクがどう全体に広がるかを知りたければ、ナビエ–ストークス方程式を解いて、その大きさのコップに一滴が広がる時間と、水の温度に関係する公式を導こうとするだろう。それからコップの大きさや水温の実際の値を公式に当てはめて、答えを読み解く。

　不運なことに、ここに問題がある。数学者はナビエ–ストークス方程式の一般的な解法をまだ発見できていない。一世紀以上も努力し続けているにもかかわらずである。手にしているのは特定の場合に使えるいくつかの方程式と、それよりはいくぶん一般的だが非常におおざっぱないくつかの公式だけだ。それでもかなり使えるが、一般的な解法があればはるかに強力だろう。一方、方程式に本当に一般的な解法があるのかすらわかっていない。代わりに、ある状況下であれば、物理的にあり得ない現象をも予測することができるはずだ。たとえば無限の力を持った爆発について考えることもできる。幸いにして現実にはあり得ない状況だが…。

　ナビエ–ストークス方程式の一般解は非常に応用範

クレイ数学研究所はもっとも困難な数学の問題に賞金をかけている。ナビエ–ストークス方程式に対しても同様だ。

囲が広く、もし発見できた人がいれば100万ドルの賞金を得られる。ナビエ–ストークス方程式の謎は七つの「2000年問題」のひとつだ。これはクレイ数学研究所が2000年に選出したもので、この方程式が絶対に解けないことを証明しても賞金が与えられる（174ページ参照）。

参照：
▶等式…46ページ
▶ウマル・ハイヤームと
　3次方程式…64ページ

2 7 1 8 2 8 1 8 2 8 4 5 9 0

自然対数の底 e

e はおそらく、数学でもっとも重要な定数で、日常の多くの場面に表れる。銀行の残高などが、その代表的なものだ。

レオンハルト・オイラーは、もっとも偉大な数学者の一人で、まちがいなくもっとも生産的な人物でもあった。彼は1万ページ以上にわたって数学探求について書き残し、広い分野に貢献し、視力が悪化していく中で、19歳からたゆまず業績を上げつづけた。

数学探究のなかで

18世紀、パリの科学協会は、科学と数学の問題にひんぱんに賞金をかけていた。1727年、オイラーは船の帆柱の並べ方を計算する競技会に参加した。彼は2位になったが、おそらくその理由のひとつは、オイラーが船を実際に見たことがなかったことだろう。

そのころオイラーはすでにサンクトペテルブルクの科学技術院から薬学研究の職に招かれていた。その分野についてまったく知識はなかったが、オイラーはその申し出を受けた。オイラーはロシアに発つまでできる限り薬学の勉強をしたが、到着したとたんロシアで政変が起こり、給料は支払われないことになった。やっと見つけたのは船医で、薬学にかんする（ほんのちょっとの）知識と、（直接関係はそんなにないが）船の帆柱にかんする研究のおかげで得た仕事だった。幸

レオンハルト・オイラー（右）と、著作『曲線を発見する方法』（上）（1744年）。彼はおそらく生産的だったので、現在になってもまだすべての著作は刊行されていない。

運にも、科学技術院からオイラーのために資金が提供されたので、オイラーはだれにも手術はしなくて済んだ。さらによかったのは、その資金が結局は数学研究職のためのものだったことだ。

ロシアからプロイセンへ

　サンクトペテルブルク科学技術院での4年間、政変はほぼずっとつづいており、オイラーは巻き込まれないよう息を潜めていた。そんなわけで、オイラーはプロイセン王フリードリヒ2世からの誘いに喜んで飛びついた。新しい研究機関、ベルリン・アカデミーに参加しないかという誘いだった。ベルリンに到着してすぐに、皇太后がオイラーと会話しようとしたが、うまくいかなかった。皇太后がオイラーになぜそんなに寡黙なのかとたずねると「陛下、わたしは自由に話すと首を吊るされる国にいましたもので」と答えたという。

　オイラーはベルリン・アカデミーで20年間を過ごし、次々と数学上の成果を生んだが、王とは不仲だった。最後の諍いのきっかけは、アカデミーの代表職が空席になったことだった。そのころには、オイラーはアカデミーの偉大な数学者の中でも図抜けた存在だっただけなく、機関の運営に関わっていた。しかし王は、お気に入りの数学者を代表職につけようとして失敗したあげく、その職に自ら座った。

その終焉

　フリードリヒの怒りに触れたのは、オイラーが退職し、サンクトペテルブルクに戻ったことだった。エカテリーナ2世から、彼女が代表を務めるアカデミーに招かれたからだ。オイラーは亡くなるまでそのアカデミーに務めた。視力を失いつつあったにもかかわらず、オイラーは科学の最先端に身をおきつづけた。亡くなったその当日も、新たに発明された熱気球について計算をし、発見されたばかりの天王星の軌道を研究していた。

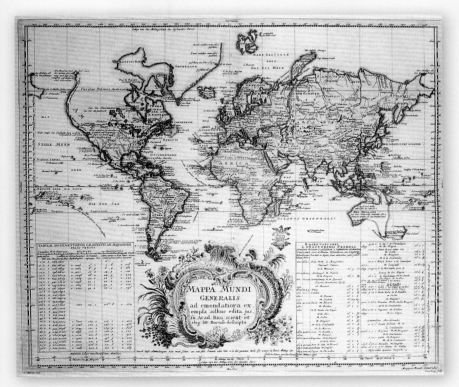

この1753年の地図は、レオンハルト・オイラーがプロイセン（現在のドイツの一部）のベルリンで働いていたときつくったものだ。彼はプロイセンを世界の中心に置いている。

興味を引く

オイラーの多くの重要な発見のうちのひとつは、同僚の数学者にして友人のヤコブ・ベルヌーイとの、複利にかんする会話から生まれた。100ドルを利息12パーセントの銀行口座に預けたら、1年後にはいくらになっているか？　この答えは112ドルだ。そしてこの額は、100ドルを預けた記念日に、年に一度だけ利息を受け取る場合の額だ。

しかし、利息を月ごとに支払われるものとして計算するのがいいだろう。なぜなら2か月後の利息は100ドルに対してでなく、最初の月に支払われた利息分に対してもかかるからだ（つまり月を越せば、単利ではなく「複利」になる）。1年経てば、預金はふくらみ、112.68ドルになる（右ページ参照）。もし利息が週ごとなら、合計はもう少し増える。どのくらい増えるのか、52週ぶんの表をつくらなくても、次の式を計算すればいい。

$$p\left(1 + \frac{1}{n}\left(\frac{r}{100}\right)\right)^{nt}$$

pは最初に預けた額（「第一の」を意味するprincipalのp）、rは定期の利息率（単位はパーセント）、nは年間で利息が支払われる回数、tは時間（単位は年）で、利息を貯めたい期間だ。もっとも単純な例だと、年末に一度だけ利息が支払われるものとして、式より

$$100\left(1 + \frac{1}{1}\left(\frac{12}{100}\right)\right)^{1} = \$112$$

利息が月ごとなら、合計は

$$100\left(1 + \frac{1}{12}\left(\frac{12}{100}\right)\right)^{12} = \$112.68$$

利息が週ごとになると、

$$100\left(1 + \frac{1}{52}\left(\frac{12}{100}\right)\right)^{52} = \$112.73$$

当然予測されるように、利息が継続して支払われる方が合計額は大きくなる（そのような扱いをする銀行

レオンハルト・オイラーは、プロイセンのフリードリヒ大王を特に偉大な人物だとは考えていなかった。

この色彩が強調された絵は、レオンハルト・オイラーが1744年に示した「世界の複数性」を表している。太陽系は、オイラーの言によると、多くのうちのひとつにすぎない。

口座も実際にあるだろう）。

この合計は式からも導くことができる。この例の変数はnだけだ。したがって、この式のnが増えればどうなるかだけを考えればいい。

$$\left(1 + \frac{1}{n}\right)^n$$

その答えを発見したのがレオンハルト・オイラーだ。nが増えると、

$$\left(1 + \frac{1}{n}\right)^n$$

は2.71828…に限りなく近づく（あるいは「漸近する」）。この数は現在オイラー数、あるいは単にeと呼ば

月	もとの預金額	その月に払われた額	合計額	その月の利息額	利息を加えた合計
1	$100	0	$100.00	$1.00	$101.00
2	$100	$1.00	$101.00	$1.01	$102.01
3	$100	$1.01	$102.01	$1.02	$103.03
4	$100	$1.02	$103.03	$1.03	$104.06
5	$100	$1.03	$104.06	$1.04	$105.10
6	$100	$1.04	$105.10	$1.05	$106.15
7	$100	$1.05	$106.15	$1.06	$107.21
8	$100	$1.06	$107.21	$1.07	$108.29
9	$100	$1.07	$108.29	$1.08	$109.37
10	$100	$1.08	$109.37	$1.09	$110.46
11	$100	$1.09	$110.46	$1.10	$111.57
12	$100	$1.10	$111.57	$1.11	$112.68

れる。したがって、もっとも高額な合計はこうなる。

$$100\ e^{12/100} = \$112.75$$

e^xの有用な特徴は、e^xがe^x自体の微分になっていることだ。$de^x/dx = e^x$である。そして（積分につきものの定数を加えると）自身の積分でもある。$\int e^x dx = e^x + c$だ。

増加の数学

eはおそらく、数学でもっとも重要な定数で、多くの自然現象にも表れる。この場合はしばしば指数関数の形をとり、$f(x) = e^x$だ。この関数は時間をかけて大きくなるもの、あるいは縮むものの、ある量（A(t)）に対する変化率（dA/dt）を扱うときにはたらく。式で表すと、$dA/dt \propto A(t)$だ。

このような増加を示す例のひとつはバクテリアだ。十分な食料と場所がある限り、そして増加のための正しい状況があれば、バクテリアの個体それぞれがふた

スイスの数学者ヤコブ・ベルヌーイは、オイラーにeにかかわる現象を紹介した。

つに分かれる。分かれた子孫が、バクテリアの種類によってきまった時間ののちふたつに分かれる。仮に2時間としよう。もとのバクテリアの孫4個体が、さらに2時間後に分裂する……とつづく。したがって、一

e（と金融制度）のおかげでお金は増える。

やってみよう！

なぜ

$$\frac{de^x}{dx} = e^x \quad になるのか？$$

e^xの値は数列によって計算できる。

$$e^x = \frac{x^0}{1} + \frac{x^1}{1} + \frac{x^2}{2} + \frac{x^3}{6} + \frac{x^4}{24} + \frac{x^5}{120} + \cdots$$

分母を数列にするとこうなる。1,1,2,6,24... これは階乗として知られる数列だ。数nの階乗はn!と表せるが、$n! = 1 \times 2 \times 3 \times \cdots \times (n-2) \times (n-1) \times n$ だ。つまり $6! = 1 \times 2 \times 3 \times 4 \times 5 \times 6 = 720$ だ。よって、e^xを示す数列は

$$e^x = \frac{x^0}{0!} + \frac{x^1}{1!} + \frac{x^2}{2!} + \frac{x^3}{3!} + \frac{x^4}{4!} + \frac{x^5}{5!} + \cdots$$

このe^xを微分すると、数列全体を微分することになる。

$$\frac{de^x}{dx} = \frac{d^{x^0}/_{0!}}{dx} + \frac{d^{x^1}/_{1!}}{dx} + \frac{d^{x^2}/_{2!}}{dx} + \frac{d^{x^3}/_{3!}}{dx} + \frac{d^{x^4}/_{4!}}{dx} + \frac{d^{x^5}/_{5!}}{dx} + \cdots$$

これらの微分をいつもの公式に当てはめる。

$$\frac{dax^n}{dx} = nax^{n-1}$$

この微分式の数列を計算するとこうなる。

$$\frac{d^{x^0}/_{0!}}{dx} = \frac{0}{1} = 0; \quad \frac{d^{x^1}/_{1!}}{dx} = \frac{x^0}{1} = 1; \quad \frac{d^{x^2}/_{2!}}{dx} = \frac{2x}{2} = x; \quad \frac{d^{x^3}/_{3!}}{dx} = \frac{3x^2}{6} = \frac{x^2}{2}; \quad \frac{d^{x^4}/_{4!}}{dx} = \frac{4x^3}{24} = \frac{x^3}{6}; \cdots$$

したがって、

$$\frac{de^x}{dx} = 1 + x + \frac{x^2}{2} + \frac{x^3}{6} + \cdots$$

整理するとこう表せる。

$$\frac{de^x}{dx} = \frac{x^0}{0!} + \frac{x^1}{1!} + \frac{x^2}{2!} + \frac{x^3}{3!} + \cdots$$

e^xを表す式と同じ式になった。

グラフで見ると、曲線$y = e^x$の任意の点で傾きを計算すると、その点の位置そのものになるということだ。

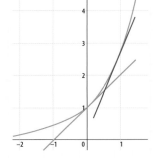

上のグラフでは、曲線は$y = e^x$を表し、緑の線は点(0,1)での接線だ。傾きは1になっている。赤の線は点(1,2.718)での接線で、傾きは2.718になっている。

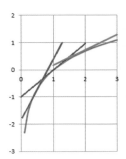

ax^nの積分がn=−1のときどうなるか、それはなぜかも説明できる。$\log_e x$のグラフは右のようになる。

接線はそれぞれx=0.5,1,2の点に引かれている。傾きはそれぞれ2,1,0.5だ。したがって、$\log_e x$の微分は1/xになる（x^{-1}とも表せる）。

反対に、1/x（あるいはx^{-1}）を積分すると$\log_e x + c$となり、一般式に近い形で表すと$\int ax^{-1}dx = a\log_e x + c$。

eはバクテリアの増加
のなかにも見られる。

定の時間後のバクテリアの数は、すでにあるバクテリアの数に依存する。

さて、もしこの式にある$A(t)$が時間tの時点でのバクテリアの数を表すとすると、式$dA/dt \propto A(t)$に定数（このような定数を比例定数という）kを導入して微分方程式に変えることができる。つまり、$dA/dt=kA(t)$だ。

バクテリア1個体から始めると、翌日にはいくつになっているだろうか？　これを求めるには、この式を積分し、そのためには変数分離と呼ばれる方法を使う。変数のうち1種類を等式の左辺に移動し、もう1種類を右辺に集め、両辺をそれぞれ積分するのだ。

$$\frac{dA}{A(t)} = kdt$$

$$\int \frac{dA}{A(t)} = \int kdt$$

左辺には1/Aの項があり、この項の積分は常に自然対数になる（右ページのコラム参照）。$\int 1/A(t)$

$dA=\ln(A(t))+c$。右辺の積分は$\int kdt=kt+d$になる。つまり、$\ln(A(t))+c=kt+d$だ。

定数をいっしょにして、仮に別の名前をつけておこう。fとしておく（単に計算を単純にするためだ）。$\ln(A(t))=kt+f$

さて、ここで両辺から対数記号を取り除いておこう。$A(t)=e^{kt+f}$だ。そして、指数の足し算は数どうしのかけ算に等しいので、$A(t)=e^{kt+f}=e^{kt} \times e^f$

再度、計算を単純にするために、e^fをgとおこう。$A(t)=e^{kt+f}=e^{kt} \times e^f=ge^{kt}$

$h=e^k$とおけば、もっと式を単純にできる。ge^{kt}はgh^tになる。

これこそが求める式、もとの式の両辺を微分した式だ。

$$A(t)=gh^t$$

未知に飛び込む

いまこそ未知の定数、gとhを明らかにしよう。先ほどの例だと、個体数が倍になる時間は2時間だ。言い換えると、tを時間とすると$t=2$のときの$A(t)$の値

は2A(0)だ（つまりA(2)=2A(0)）。先ほど導いた式A(t)=gh^{t}に当てはめると、gh^2=2gh^0。h^2=2h^{0}だ。しかしh^0=1なので、h^2=2だ。最後に両辺の平方根をとって、h=±$\sqrt{2}$となる。ただしh=e^{k}なので、hは正。したがってh=$\sqrt{2}$。これで未知数のひとつがわかった。A(t)=g$\sqrt{2}^t$だ。

さてつぎはgだ。最初のバクテリアの数は1だ（t=0のとき）。つまりA(0)=1である。したがって、A(0)=1=g$\sqrt{2}^0$。ということは、g=1。

バクテリアの例を表す式は、最終的にA(t)=$\sqrt{2}^t$となった。1日（24時間）後のバクテリアの数はA(24)=$\sqrt{2}^{24}$=4096となる。この大きな数を見れば、指数的な増加がいかに急速なものかがわかる。さらに、数学の公式がいかに現実の世界に当てはまるかについて、注意深く検討しなければならないこともわかる。4000あまりといえど、バクテリアは非常に小さいので（バクテリアは10億あっても1グラムほどしかない）、現実にこのくらいバクテリアは増えるだろう。しかし、この公式をバクテリアの6日後の数に当てはめると、地球の3000倍の重さという答えが出る。1週間後には太陽1000個分を超える重さだ。現実にはもちろん、数日で養分と空間を使い果たし、バクテリアの増加は停止するだろう。幸運なことに…。

参照：
▶ 証明…16ページ
▶ 微積分…110ページ

対数と真数

ディオファントス（47ページ参照）は、ある数の指数を足すのは、その数自身をかけるのに等しいことを示した。つまり、たとえば100×1,000=100,000を書き換えると、10^2×10^3=10^{5}となり、ディオファントスの規則が正しかったことがわかる。2+3=5だ。

ここで2、3、そして5は、100、1,000、100,000の「10を底とする対数」（あるいは*log*$_{10}$）と呼ばれる。対数は小数にもなる。2.30103は200の*log*$_{10}$の値だ。すなわち、10$^{2.30103}$=200である。底は10である必要はなく、多くの場合ではほかの数を底にした方が便利だ。特にeである。たとえばe$^{2.996}$はおよそ20で、20のeを底とする対数（通常*ln*または*log*$_e$と略される）は約2.996だ。

一方、aが数nのbを底とする対数である場合、b^a=nだ。したがって、たとえば100の10を底とする対数は2である。10^2=100だからだ。また、100のeを底とする対数は約4.605だ。なぜならe$^{4.605}$≈2.718$^{4.605}$≈100だからだ。

真数はその逆になる。aが数nのbを底とする真数であるという場合、b^n=aだ。したがって、たとえば2の10を底とする真数は100だ。なぜなら10^2=100だからだ。そして、4.605のeを底とする真数は約100である。なぜならe$^{4.605}$≈2.718$^{4.605}$≈100だからだ。

代数学の基本定理
The Fundamental Theorem of Algebra

代数はパズルの解法についての学問だ。19世紀、数学のもっとも偉大な知性のひとりが、代数学のパズルがなぜひとつの解答を持つかを証明した。あるいは、ふたつの解答を。

多項式が数学の歴史上の問題だったことは疑う余地がない。それらを解く、またはなぜ解けないかを示すことは、数学の黎明期から多くの偉大な知性の持ち主

カール・フリードリヒ・ガウスは、数学の王として知られ、この基本定理が生まれる原動力となった。

の頭を占めていただけでなく、すべての分野において新たな数学の概念へのきっかけとなった。たとえば負の数、虚数、あるいは群論だ（くわしくは140ページ参照）。また多項式は、多くの科学分野で応用されてきた（133ページのコラム参照）。

常に答えがある

多項式を解き始める前に、まず実際に解があるのか考えてみよう。この問いから代数の基本定理が生まれた。

あらゆるn次多項式は、
n個の根を持つ

「根」は答えまたは解を意味し、ときには「零点」や「xの値」を示すこともある。これらの根は一方、虚数になりうる。ともあれ、3次方程式（x^3がもっとも高い次数である式）は実際三つの根を持ち、2次であればふたつの根を持つ、というふうにつづく。

この虚数根の発想を深めるために、2次方程式を考えてみよう（$ax^2+bx+c=0$）。解くのはかんたん、公式 $x=(-b \pm \sqrt{(b^2-4ac)})/2a$ を使えばいい。この公式では、平方根記号の中の数 b^2-4ac を判別式と呼び、この方程式にいくつの根があるかを知らせてくれる。も

しb² > 4acであれば、ふたつの異なる実数根を持つ。b²=4acのときはふたつの同じ数の実数根を持つ。そしてb² < 4acだったら、ふたつの虚数根を持つのだ。下の三つの2次方程式を例としてみよう。

1. $x^2 + 3x + 2 = 0$
2. $x^2 + 2x + 1 = 0$
3. $x^2 + 3x + 2.5 = 0$

　上記の方程式1はa=1、b=3、c=2だ。したがってふたつの根はx=(−3±√(9−8))/2=−1.5±0.5だ。

　方程式2はa=1、b=2、c=1だから、同じ値のふたつの根はx=(−2±√(4−4))/2=−1だ。

　方程式3はa=1、b=3、c=2.5だから、ふたつの根は

x=(−3±√(9−10))/2=−1.5±√(−1)/2だ。

　2乗して−1になるような実数はない。その代わりに「2乗したら−1になる数」を示す記号を使う。それがiだ。したがって−1.5±√(−1)/2は−1.5±0.5iと書ける。方程式3のふたつの根は−1.5+0.5iと−1.5−0.5iだ。

　これらは複素数と呼ばれる。ふたつの要素を持つからだ。実数−1.5を左に、虚数0.5iまたは−0.5iを右に書く。デカルト（92ページ参照）のおかげで、ほかにも（いささかおおざっぱだが）2次方程式が実数解を持つかを知る方法がある。グラフ用紙に点を打つことだ（下グラフ参照）。

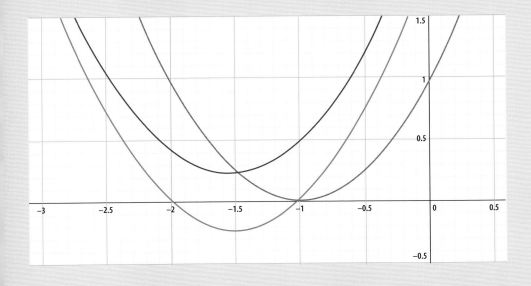

上記の例に挙げた2次方程式のグラフ。方程式1（緑）、方程式2（赤）、方程式3（青）。

前ふたつの方程式では、根が明確に見てとれる。緑の線はx軸と−1.5 ± 0.5（−2と−1）の点で交わる。赤の線は−1の点で軸に触れている。では青の線は？　ちょっとした魔法のようだが、じつはこのグラフも根を示しているのだ。先ほどのようにまた点を打ってみよう。

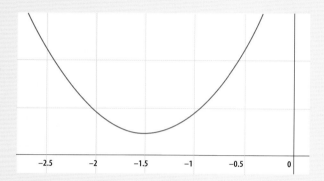

次にこのグラフに対して鏡写しのグラフを描く。曲線は青い線と同じだが、上下が逆なのだ。

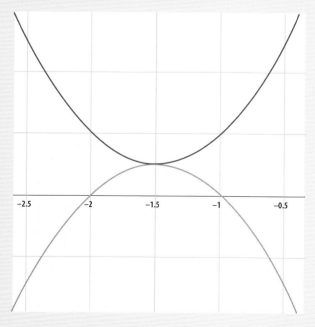

つづいて、2点を通る円を描く（赤で示した2点だ）。2点は、鏡写しのグラフとx軸の交点だ。

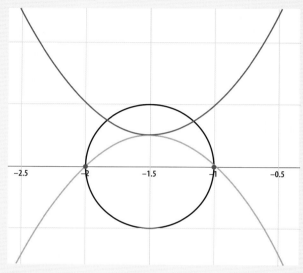

最後に、この円を90度ずつ回転させ（つまりx軸からy軸に移ることになる）、赤い点のy座標を読む。この場合±0.5となり、これがこの2次方程式の根の虚数部分だ。135ページのコラムで、この回転とはなんなのかという部分を説明しよう。

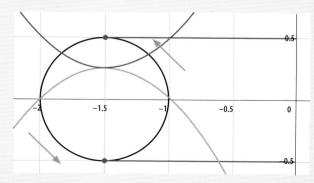

多項式の大活躍

2次方程式は、望遠鏡の鏡面や衛星のパラボラアンテナの断面の形を定める。ある2次方程式はベルヌーイの式ともいわれるが、飛行機が飛ぶ原理を説明し、また別の2次方程式はミサイルの弾道を予測するのに使われる。また物理学、化学、生物学、経済学の多くの分野でも使われる。

輪ゴムをねじったら、最初はきれいに巻かれるが、すぐによじれていく。よじれを直すには、自分でねじったよりも多く逆にねじらなければならない。物理学や工学の分野で、この種の振る舞いの例はたくさんあり、そのしくみは3次方程式で表される。一方、2次方程式を使えば、モーターやその他の機器が発する電子の干渉効果を説明できる。

太陽系のほとんどの天体は、ほかの天体をめぐる軌道上を動く。地球は太陽の周りをまわり、月は地球の周りをまわり、いくつかの人工衛星は月の周りをまわ

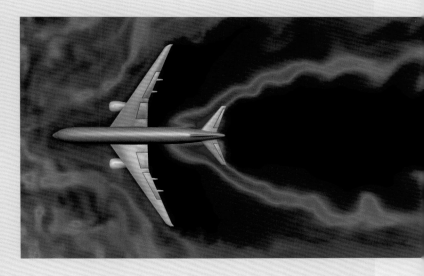

る。これは通常、宇宙空間の物体が、近くの惑星またはほかの大きな天体の重力に引き込まれるのを避けるには、その大きな天体の周囲をまわるしかないからだ。しかし、惑星や月の近くには、物体が半永久的に停止していられる地点がいくつかある。これらはラグランジュポイントと呼ばれ、5次方程式を使うことで、もっともよく説明ができる。

王子とこじき

多くの数学者たちが、なんとか代数の基本定理を証明しようとしてきたが、この話題の主人公はカール・フリードリヒ・ガウスだ。この代数の基本定理の証明を、少なくとも4通り発見した人物である。アルキメデス、ニュートン、そしてオイラーと同様、ガウスはもっとも偉大な数学者の一人だ。彼らもそうだったよ

うに、ガウスも数学の複数の分野に重要な貢献をした。さらに彼らと同じく、ガウスはほかの分野の専門家でもあった。工学、天文学、そして言語学だ。彼はとてもたくさんの着想を持っていたので、つねにメモするためのノートを持ち歩いていたが、実際には非常に省略した形で書いていたので、146の項目にわたるメモがたった19ページに詰め込まれている。例を挙げると、ガウスが主張した「すべての整数は多くとも三つの三

角数の和である」という定理（正しい）は、限界まで単純に記録されている。num= Δ + Δ + Δ。

ケレスを探して

準惑星ケレスとその発見者、ジュゼッペ・ピアッツィ。

　ガウスの家庭はそれほど裕福ではなかったが、彼の数学にかんする才気はブラウンシュヴァイク公フェルディナントの目にとまり、上級学校に進む学費が援助された。当時ガウスは15歳で、公はガウスに彼が望むだけの財政援助を続け、それは14年後のフェルディナントの死までつづいた。

　ガウスの名は世界的に知られるようになった。その名声のおもな原因となった計画は、失われた惑星の発見だった。ケプラー（86ページ参照）と天文学者たちは、ずっと惑星の位置関係について、特に火星と木星のあいだの長大な空間について頭を悩ませていた。そのため1801年のニュースは驚きを持って伝えられた。1月1日にイタリアの僧ジュゼッペ・ピアッツィが、その謎の空間にぼんやりとした天体を発見したのだ。41日間にわたって、ピアッツィは新たな天体（ほどなくケレスと名付けられた）を観測し、

周囲の星々と見比べてその位置を追跡した。しかしその後ピアッツィは病にかかり、研究を中止せざるを得なかった。その後すぐにケレスは太陽の陰に去り、観測できなくなった。そこで問題が生じた。こんなおぼろげな天体は、天文学者たちがどこに出現するか割り出さなければ見つけられない。そのためにはこの天体の軌道にかんする知識が必要だ。しかし41日間の観測だけでは、軌道のわずかな部分にしか及んでいなかった。正確には全体の2.4パーセントだ。

ピアッツィが残した、空を横切るケレスの軌跡の記録は、十分な情報ではなかった。

Beobachtungen 6ᵗᵉⁿ zu Palermo 9, 1ᵗᵉⁿ Jan. 1801 von Prof. Piazzi neu entdeckten Gestirns.

1801	Mittlere Sonnen-Zeit	Gerade Aufstieg in Zeit	Gerade Aufsteigung in Graden	Nördl. Abweich.	Geocentri-sche Länge	Geocentr. Breite	Ort der Sonne + 20" Aberration	Logar. d. Distanz ☉ ☿
Jan. 1	8 43 17,8	3 27 11,25	51 47 48,8	15 37 43,5	1 23 22 58,3	3 6 42,1	9 11 1 30,9	9,9926156
2	8 39 4,6	3 26 53,85	51 43 27,8	15 41 5,5	1 23 19 44,3	3 2 24,9	9 12 2 28,6	9,9926317
3	8 34 53,3	3 26 38,4	51 39 36,0	15 44 31,6	1 23 16 58,6	2 58 9,9	9 13 3 26,6	9,9926324
4	8 30 42,1	3 26 23 15	51 35 47,3	15 47 57,6	1 23 14 15,5	1 53 55,6	9 14 4 24,9	9,9926418
10	8 6 15,8	3 25 32,1	51 23 1,5	16 10 32,0	1 23 7 59,1	1 29 0,6	9 20 10 17,5	9,9927641
	8 2 17,5	3 25 29.73	51 21 26.6					
13	7 54 26,2	3 25 30,30	51 21 34,5	16 22 49,5	1 23 10 27,6	2 16 59,7	9 23 13 18,6	9,9928490
14	7 50 31,7	3 25 31,72	51 21 55,8	16 27 9,7	1 23 12 11,2	2 12 56,7	9 24 14 13,5	9,9928800
17				16 40 13,0				
18	7 35 17,3	3 25 55, 33	51 23 45,0					
19	7 31 28,5	3 26 8,15	51 32 2,3	16 49 16,1	1 23 25 59,2	1 53 38,2	9 29 19 53,6	9,9930607
21	7 24 2,7	3 26 34,27	51 38 34,1	16 58 35,9	1 23 34 21,3	1 45 6,0	10 1 20 40,3	9,9931434
22	7 20 21,7	3 26 49, 42	51 42 21,3	17 3 18,5	1 23 39 1,8	1 42 28,1	10 2 21 32,0	9,9931886

曲線を見つける

　ケプラーとニュートンのおかげで、惑星の運動にかんする法則は周知され、一般的な軌道の図形（楕円）も知られていた。ピアッツィの観測がじゅうぶんに精密だったなら、楕円軌道を計算するのはかんたんだったろう。しかし1801年当時に使える機器では、そのような精度を出すのは不可能だった。

　この構想が始まったとき、ピアッツィの観測データはさまざまな軌道に当てはまり、太陽の陰に隠れたケレスの軌道を予測するデータとしては使いものにならないという結論が出た。当てはまるすべての曲線は、あまりにも広範囲に及ぶからだ。当時のもっとも偉大な数学者の一人で、天文学者でもあったピエール＝シモン・ラプラスが、この問題を解くことは不可能だと進言した。しかしガウスはそれを成しとげた。1801年11月、ガウスはケレスの位置予想を完成させ、広く発表した。12月のはじめには、ケレスと思われる天体が、ガウスの予測に非常に近い場所に現れた。その天体が予測されたとおりに動いているかを天文学者たちが確認するには、少し時間がかかった（あるいはほかの天体だったことがわかり、偶然その方角に出現しただけかもしれない）。12月31日、ピアッツィが最初に発見してほぼ1年ののち、観測が確認された。ケレスは再発見された（現在は準惑星とされている）。ガウスは国際的に有名になり、ラプラスはガウスを「人の身でありながら、地球を超越した精神の持ち主」と評した。

参照：
▶ 東へ進んだ代数…60ページ
▶ 代数の規則…82ページ

Column
次元を変える

　81ページで述べたとおり、複素数はグラフに描くことができる。これは複素数平面（アルガン図）と呼ばれ、x軸は実数、y軸は虚数を表す。実は、複素数を座標として扱うこのような方法は、複素数を2次元のものと考えることを提示している。見慣れた実数が1次元なのとは対照的だ。

　以下が、131ページの三つの方程式の根を示す複素数平面だ。
　本文で解の座標を回転させたのは、これら特定の点について、y軸を虚数軸のように扱うためだった。

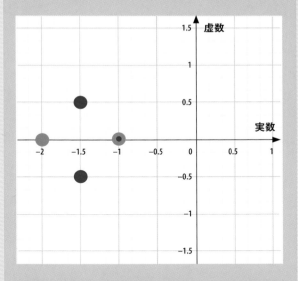

微積分の基本定理
The Fundamental Theorem of Calculus

ナポレオン・ボナパルトは、フランス皇帝となったのちの1804年、数学を活用した国策を推進した。その対象には微積分が含まれており、実社会に有用であることを証明した。

　ひとりの若き数学者がナポレオンの呼びかけに応じた。オーギュスタン＝ルイ・コーシーだ。彼は1802年からパンテオン中央学校に通っていた。新進の技術

オーギュスタン＝ルイ・コーシーはまず技術者として世に出て、シェルブールのナポレオン波止場建設に従事した。波止場は彼の死後何年も経ってから完成した。

1813年、パリのフランス理工科学校で、巨大な電池を製作している光景。蓄電池はナポレオンの支援のおかげで誕生した発明品のひとつ。

者を育てる最高学府として名高く、数学と科学を応用も含めて訓練していた。

　その学校での大きな成功につづいて、コーシーはさらに技術者としての教育を受けた。橋や道路をつくる技術者を育てるための教育だ。その後彼はシェルブールで技術者の職を得た。シェルブールはナポレオンが大きな海軍基地を建てようと計画していた場所だ。一方コーシーは、しだいに工学への興味を失い、純粋数学にひかれ始めていた。1812年、過労のために病気にかかると、コーシーはパリに移った。23歳のときだ。

変わった人物

　コーシーにとって、人がおらず静かで、数学の完全な世界に浸る暮らしは快適だった。彼は多くの同僚を嫌っていたからだ。極端に信仰深く、極右思想の持ち主で、あからさまにほかの数学者を見下していた彼は、人好きする人間ではなかった。確実性と安定性、そして秩序を求めるコーシーの欲求は、彼の子ども時代に原因があるかもしれない。両親が、フランス革命の危険と恐怖から逃れるためにパリを離れた直後にコーシーは生まれた。彼はその恐怖の物語を聞かされて育ったのだ。

　当時、微積分にはいくらかの確実性が求められていた。微積分は、17世紀にニュートンとライプニッツに定式化されて以来（110ページ参照）、まずは実用的な目的で利用されてきた。つづく数十年のあいだ、数学者と科学者たちは微積分の多方面にわたる問題解決力に注目していた。しかし、18世紀末になると、空気が変わってきた。数学はずいぶん強力で使い勝手のいい分野になったため、厳密な証明に基づいていることがますます重要になってきたのだ。当時の数学の標準的な証明は非常にいいかげんなものだった。水も漏らさぬ証明が得られるかどうかについては、個人の意見や腕前、嗜好によるところが大きかった。とにかく、生物学から経済学までの多くの分野で、なにかを

確実に証明できることはめったになく、それでもこれらの分野は高度な成功を収めていた。その一方で、古代ギリシャ数学の輝かしい時代には、厳密な証明こそがもっとも重要視されたのだ。

もっと古い技法

その問題を提示した（そして基本的な解法を発見した）のは古代ギリシャ人だった。その問題には、曲線の接線を求めること、曲線の下の面積を求めること（41ページ参照）が関連していた。17世紀末までには、曲線の接線が微分で、曲線の下の面積が積分で求められることがそれぞれ知られていた。

つまり、曲線の下の面積を求める式がわかっていれば、それを微分して曲線自体の式を求められる。または、接線の傾きの式がわかっていれば、それを積分してふたたび曲線自体の式を求められるということだ。

逆に？

したがって、ある状況では微分と積分が逆の操作であることは明らかに思える。一方、数学と科学において「明らかに思える」ものが、再び議題にあがって結局ひっくり返るというのはよくあることだ。

一例を挙げよう。密閉された容器内にほんの少しの水があり、それを熱する。水は高圧の水蒸気になり、容器は爆発する。一方、同様の容器に水蒸気をいっぱ

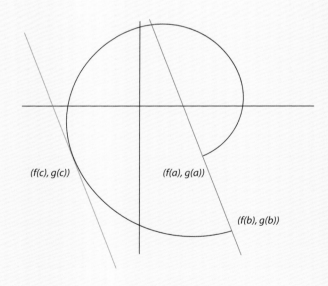

オーギュスタン＝ルイ・コーシーより多くの論文を残したのはレオンハルト・オイラーだけだろう。合計すると、コーシーの論文は27巻にわたり、その中には上の図に示した、平均値の定理も含まれる。

いにして密閉すると、内側に向かって破裂し、壊れる。
これらは逆の過程に見える。発生した水蒸気が外に向
かう力が生じるのと同様に、液化するときには内側へ
の力が生じるのだ。ふたつの種類の力は等しく、また
方向は逆だ。水蒸気が発生するときの外に押す力と、
消えるときの内に引く力。

しかし実は、これらの過程は逆ではない。宇宙空間
で同じ実験をすればわかる。熱された容器は同様に爆
発するが、冷やした方は壊れない。熱する実験では、
膨張する水蒸気の圧力が爆発の原因だが、冷やす実験
ではなにも発生しない。代わりに、水蒸気が液化する
ときには内側に部分真空が発生する。容器を壊す力は
水や水蒸気などの容器の内容物ではなく、容器の外の
空気の圧力だけが原因なのだ。外に空気がなければ、
たとえば宇宙空間なら、容器は壊れない。

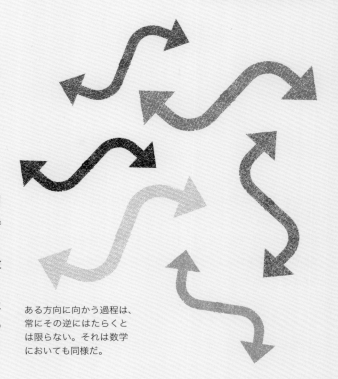

ある方向に向かう過程は、
常にその逆にはたらくと
は限らない。それは数学
においても同様だ。

最終定理

したがって、数学者たちの何人かは、ある関数を微
分して第二の式を得ることは、ほんとうに第二の式を
積分してもとの関数に戻すことの逆だといえる証明を
探求し始めた。その証明を発見したのがコーシーであ
る。彼は数学のすべてを明らかにする壮大な計画を持
っていた。その一部として、安定した理論的な足がか
りとして微分と積分が互いに逆の操作であることを証
明したのだ。

この証明は微積分の基本定理として知られる。

参照：
▶東へ進んだ代数…60ページ
▶代数の規則…82ページ

群論
Groups

何世紀ものあいだ、数学者たちは5次方程式と格闘してきた。その多くには解がなく、そしてその理由がわかる者はいなかった。しかし19世紀の初頭、聡明なフランス人がその理由を発見し、数学の新たな分野を切り開いたのだった。

代数の歴史の大半は、多項式の解法を探求する物語だった。バビロニアの数学者たちは2次方程式（$ax^2+bx+c=0$）の解法を発見し、3次方程式（$ax^3+bx^2+cx+d=0$）の一般解と4次方程式（$ax^4+bx^3+cx^2+dx+e=0$）は16世紀の終わりには知られていた。しかし5次方程式（$ax^5+bx^4+cx^3+dx^2+ex+f=0$）はいまだ未到の地のままだった。数学者たちは、いくらかの5次方程式の解法をつかんでいたが、どんな5次方程式でも係数（a、b、c、d、e、f）を代入できて、解を求められる式は誰も知らなかった。

若き模倣者

その理由を発見した数学者がエヴァリスト・ガロアだ。彼の手法は数学の新たな世界を開いた。それは部分的にはコーシーの功績に基づいていたが、二人はこれ以上ないほど異なっていた。ガロアは急進的で、コーシーが強く信じて疑わなかった伝統的体制、社会階級や生まれによる特権に真っ向から逆らう人物だった。

短い一生

ガロアは激動の、そして困難な一生を送った。うまく立ち回ることが苦手な性格で、彼は何度も業績を失った。たとえば、ガロアは一流大学であるパリの理工科学校に入学を認められず、はるかに劣るパリ高等師範学校に入るしかなかった。さらに彼は、校長を批判する内容を新聞に投書したため放校になった。その後、反乱を企てているとして王がフランス国民軍を解散させたとき、ガロアは国民軍の制服を着て町を歩いた。この非常に挑発的な行動のために、ガロアは牢獄に送られた。そこで彼はステファニー＝フェリーチェ・ド

1830年代のフランスで決闘は違法だったが、若者たちが争いに決着をつける一般的な方法だった。

ゥ・モーテルという女性と恋に落ちた。彼女は牢獄の医師の娘だった。釈放されたのち、原因は不明だがおそらくフェリーチェに関わることで、ガロアは決闘をして殺された。まだ20歳の若さだった。

一生の仕事

運命の決闘の少し前、ガロアは自身の発見をいくつ

か書き残し、公表するよう友人に託した。そのうちの
ひとつは5次方程式に挑む新たな手法についてで、公
式を導こうとするのではなく、そのような公式が成立
しうるかどうかを探求するというものだった。ガロア
はその手法を試した最初の人間ではなかったが、彼の
手法は先行者たちの誰よりもはるかに一般的なものだ
った。

特定の5次方程式や、5次方程式の一般式を求める
よりも、ガロアはより理論的な手法をとった。多項式
の一般式を研究しようとしたのだ。これは非常に挑戦
的な発想で、つまり次数の決まらない方程式に挑むこ
とだからだ。

$$ax^n + bx^{(n-1)} + \cdots + cx + d = 0$$

ガロアがこの方程式の謎を解くことができていた
ら、彼はすべての次数のすべての多項式の解法を見つ
け出したことになる。「次数」とは、その方程式の項
の中でもっとも大きな指数のことだ。例を挙げると、
2次の方程式といえば、もっとも大きな指数を持つ項
がx^2である式のことだ。

対称性を利用する

数学のほかの分野同様、課題が抽象的になればなる
ほど、解法を見出すことがむずかしくなる。ガロアは、
ヒントが対称性にあると見抜いた。対称性は美術と、
幾何学においても非常に重要な概念だ
が、数や公式にどう当てはめるかは明ら
かではなかった。実際、対称性の意味を
言葉で説明することすらかんたんとは言
えない。実際の物体を見ればすぐにわか
るのに。対称性を定義するには、物体が
対称であるということは、ある変化を与
えても、その前と同じになることだと言
うのがいちばんいいだろう。正三角形を
見てみよう。正三角形は対称だろうか？

人間が美しいと感じるとき、
そこには複数の対称性があ
ることが多い。

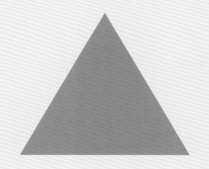

正三角形が持つほかの対称性はないだろうか？　実はある。正三角形をそれぞれ120°、240°、360°回転させると、どの例でも回転する前と同じ形に見える（360°回すのはつまり、なにもしていないことになる）。

中央で下に向かう点線を引いて、その線上に鏡を置くと、映る像はもう半分とまったく同じに見える。つまりこの三角形は対称で、というのは鏡に映す前も後も同じに見えるからだ。これを鏡像対称という。

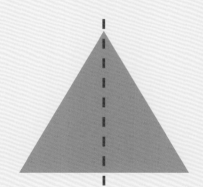

3本の軸を引き、どこに鏡を置いても同じように像が見えるから、鏡像対称の軸を3本持つといえる。

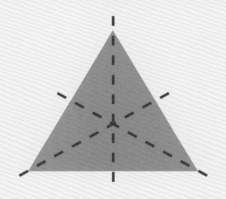

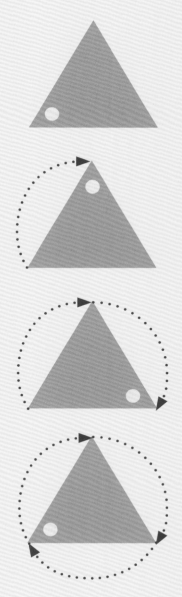

これが、正三角形が持つ対称性のすべてだ。つまり正三角形を、最初の図形と同じ形になるように変換する方法はこれだけしかない。この6種類の対称性を、正三角形の対称群という。

このような対称性の研究は群論と呼ばれ、多くの数学者がガロア以前にも挑んできた。特にコーシーだ。しかし群論を多項式の解法に結びつけたことで、ガロアは数学の新たな分野、ガロア理論と呼ばれるようになった分野を発明したのだ。ガロアは、4次もしくはそれより低次の多項式には特定の対称性があり、この対称性はより高次の多項式にはないことを示した。これによってガロアは5次、もしくはそれより高次の多項式には一般解がないことを証明したのだ。

置換

しかし、方程式において「対称」とはどういう意味だろう？　三角形とちがって、方程式の対称性は見ただけではわからない（同じ方程式をいろいろな形で書き表せるのはたしかだが）。そして、方程式を検討するとき、鏡像をつくったり回転させたりすることもできない。その代わりに方程式を変換する方法を置換という。

方程式を置換するとは、xとyを入れ替えるということだ。つまり、x=y+1を置換するとy=x+1になる。この置換は方程式にとってどういう操作なのだろうか？　それはもとの式と置換後の式を、それぞれグラフにすればわかる。146ページの図だ。

Column
群論

ある朝午前10時、あなたは4時間の旅に出る。何時に到着するか？　正しい答えを得る過程には、法12にかんする算術と呼ばれるものが必要になる。一般的な算術では10+4=14だ。しかし法12においては、10+4=2だ。答えは午後2時である。これまでの算術では数直線上を移動してきたとするなら、この合同算術は算術的な円の上を移動しているようなもので、（今回の場合は）12の倍数ごとに値は0に戻る。したがって法12は時計の盤面を回るのと同じだと考えられる。

すべての時計の盤面に12の数字が書かれているとは限らない。14世紀イタリアで公に使われていた時計の一部は24時制だったし、フランス革命当時、一日の時間数を変えようという計画があり、いくつかの時計は10時間制になった。このそれぞれが別の法となる数を持つ。法24であれば10+4=14だし、法10であれば10+4=4だ。

合同算術とこれまでの算術の大きなちがいは、これまでの算術には答えの種類が無限にあるのに対して、合同算術には限られたいくつかの答えしかないことだ。たとえば、次に示す表は法3のもとで足し算する

ときに使える（あるいは、答えになり得る）すべての数だ（これを積表という）。

+	0	1	2
0	0	1	2
1	1	2	0
2	2	0	1

例を挙げると、法3で2に2を足すと答えは1に戻る。

+	0	1	②
0	0	1	2
1	1	2	0
2	②	0	①

どんな群についても同じように表をつくることができる。正三角形の回転について可能な方法と結果をすべて挙げると、同じ表ができるだろう（つまり、三角形の回転対称をすべて挙げることになる）。

R	0°	120°	240°
0°	0°	120°	240°
120°	120°	240°	0°
240°	240°	0°	120°

表に「360°回転する」がないのは、一回転してなにもしないのと同じになるからだ。

表にある数が120°の倍数になるので、この表は120°の回転を何回行うかについての表に単純化できる。

+	0	1	2
0	0	1	2
1	1	2	0
2	2	0	1

これは法3の足し算表とまったく同じだ。三角形の回転と法3の足し算は同じ群だということになる。

この群はとても小さく単純なので、結果はそんなに興味を引くものではないが、もっと複雑な群であれば、単に数学の異なる分野を結びつけるだけでなく、数学を現実の現象と結びつける。

たとえば素粒子にもいくつかの対称性がある。つまり、ある変化が起こっても、その変化が起こる前と同じ状態にとどまる種類の変化があるのだ。

1962年、科学者たちは既知の素粒子を分類しようと奮闘していた。マレー・ゲル＝マンはそこで群論を使い、複雑な積表をつくりあげた。しかしその表には奇妙な空白があった。科学者たちはその表を埋める対称性を持つ素粒子を見つけようとし、1964年にひとつを見つけた。Ω⁻（オメガマイナス）粒子である。

同年、多くの科学者たちが、群論を使ってほかの素粒子の存在を予測しようとした。よく似たことが2000年代にも起こり、そのとき科学者たちは、宇宙に存在するもう1種類の素粒子が見つかりさえすれば、素粒子の対称性を示す群はもっと単純になることに気づいた。彼らはこの対称性に当てはまる素粒子を探しつづけ、ついにヒッグス粒子を見つけた。

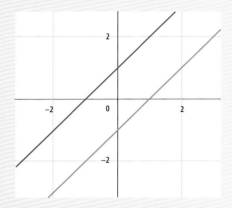

　図を見ると、異なる直線が引けるから、この置換は対称をつくる置換ではない。しかし、x=−y−1を置換してy=−x−1とし、それぞれのグラフを描いてみると、まったく同じ直線になることがわかる。

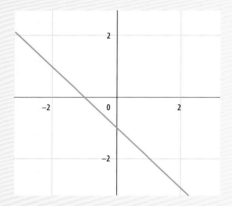

　したがって、この方程式は対称ということがわかる。直角三角形の六つの対称が対称群をつくるように、方程式の置換も置換群をつくるということだ。

参照：
▶等式…46ページ
▶抽象代数学…158ページ

　素粒子は小さすぎて、見ることもできないし、その性質が変化する様子を観測する方法もない。見て観測できるのは、素粒子が変化したときに起こる現象だけだ。ある素粒子はその素粒子だけで変化し、そのほかの素粒子は別の素粒子との衝突によって変化する。

　方程式の形のように、素粒子もそれらが持つ対称性を通して研究される。ある素粒子に変化が起こっても、その変化が起こる前とまったく変わらない振る舞いをするとき、対称性を特定できる。

　電荷を持った素粒子どうしが衝突し、1組の新たな素粒子ができて、紫色の光を放ったとする。ここにある変化を与えよう。たとえば、最初のふたつの素粒子の電荷を逆にするのだ。次に同じ実験を繰り返す。もし同じ現象（ふたつの新たな素粒子と紫色の光）を観測できれば、電荷を逆にしても影響がないことになり、そこで対称性を特定できる。こうなると、この素粒子の相互関係は、電荷が逆の状況にかんしては対称であるといえる（これが荷電共役対称性だ）。

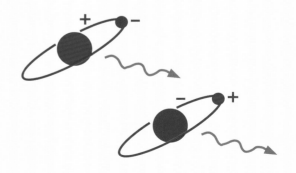

素粒子の対称性には、ほかにもスピンに関わるものがある。ほとんどの素粒子はスピンし、時計回りと反時計回りの両方がある。パリティ対称性とは、スピンを逆回転にしても、素粒子の振る舞いが変わらないことをいう。これは鏡像対称の一種と考えられている。というのも、素粒子のスピンは鏡に移すと逆回転に見えるだろうからだ。

時間反転対称性とは、素粒子がある相互作用を起こすとき、時間を巻き戻すとその相互作用がもとに戻ることをいう。馬鹿馬鹿しく聞こえるが、とにかく時間を巻き戻せると仮定したとき、再生機に逆向きにセットしたフィルムのように、人が上に落ち、卵が割れる前に戻り、爆発はもとの爆弾に戻り、というように、すべてが逆になることは明らかではないか？実際、この状況こそが「時間を巻き戻す」が意味することではないか？

馬鹿馬鹿しくないことを言うと、素粒子の相互関係のうち、K中間子とB中間子の相互関係については、時間を巻き戻しても現象はもとに戻らないと考えられている。

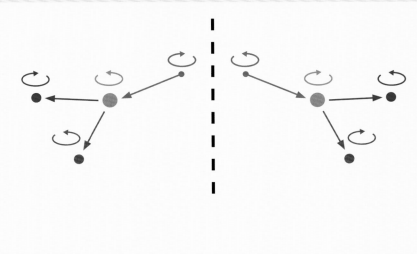

時間反転対称性

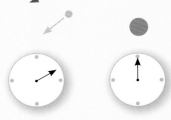

時間は先に進み、素粒子はふたつに分かれる。

時間が逆に進み、ふたつの素粒子はひとつに戻る。

時間反転非対称性

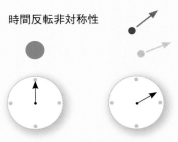

時間が先に進み、素粒子はふたつに分かれる。

時間が逆に進んでも、素粒子は分かれたままだ。

四元数
Quaternions

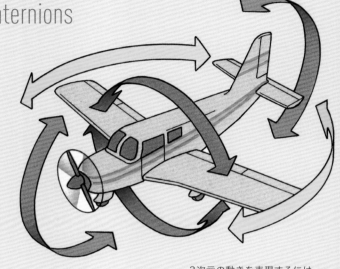

3次元の動きを表現するには、
4次元の座標系が必要だ。

多くのスマートフォンアプリが、電話の向き
を計測している。操縦士は飛行機の向きを
知らなければならない。どちらにも**四元数**が役立っ
ている。

　四元数のはたらきを知るには、複素数の座標を複
素数平面（アルガン図、135ページ）に打つ方法の
ところまで話を戻そう。下に複素数の座標(1+1i)が打
たれている。なお虚数iの係数1は省略するのがふつ

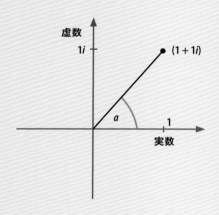

うだが、ここでは強調のために省略せずに付けている。
　角度aは45°だ。この角度の倍数をいくつかとるに
は、ほかの複素数の座標を次ページの上図のとおり打
てばいい。ここからかんたんに回転を示すことができ
る。上に示した点と(−1+1i)のあいだの角は90°だ。

(1+1i)を(−1+1i)に変換するには、iをかければいい。
$i×(1+1i)=(1i+1ii)$だ。$i^2=−1$だから、この式
は$1i+(1×(−1))$となり、つまり座標は(−1,1i)だ。実
数部分は水平軸に沿って打ち、虚数部分は垂直軸に沿
って打つ。要約するとこのiをかける計算が90°回転
だ。iまたはiの倍数をかければ、好きな場所まで回す
ことができる（次ページのコラム参照）。

新たな次元

　もちろん、飛行機や携帯電話のような現実の物体は
2次元に閉じ込められているわけではない。その物体
の向きを追いつづけるには四元数を使う。四元数はア
イルランドの数学者、ウィリアム・ローワン・ハミル

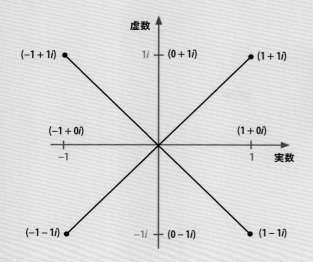

トンによって1843年に発明された。彼は（断続的に）15年をかけて四元数を研究し発展させた。ハミルトンがそれほどまでに深く数学を愛していたのは幸いだ。

ハミルトンはまず、複素数の概念を発展させるのに興味を持った。複素数(a+bi)はふたつの部分でできている。ひとつは実数(a)、もうひとつは虚数(bi)だ。ハミルトンの着想は「超複素数」とでも呼ぶべき、複素数に第三の部分を加えて(a+bi+cj)とするというものだった。ハミルトンはこのjについて、iのように−1の平方根と考えるのがもっともよいと決めた。しかし、どんなに彼が試しても、彼が言うところの「三つ組」をうまくはたらかせることができなかった。特に、それらをかけ算して、意味のある答えを出すことができなかった。ハミルトンの子どもたちは、父親が永遠に終わらないように思える探索を続けていることにすっかり慣れてしまい、毎朝あいさつとして「お父さん、三つ組のかけ算はできた？」とたずねていた。そして毎朝彼は「いいや」と答えなければならなかった。

ついに答えがひらめいたのは、ハミルトンが妻と散

複素数を回転させるには、ただiをかければいいのだが、その場合、点が円を描いて回るわけではない。そうするには、点の原点（座標0で、軸の交点）からの距離を一定に保たなければならない。言い換えると、緑の長さが常に1でなければならない。

たとえば原点と点(1,1i)を通る直線は、2辺の長さが等しい直角三角形（直角二等辺三角形）の斜辺にあたる。

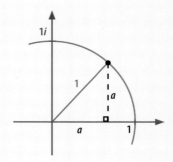

したがって、ピタゴラスの定理より、$a^2+a^2=1^2$ だ。つまり $2a^2=1$ となり、$a=1/\sqrt{2}$ だ。
この点によって示される複素数は
$1/\sqrt{2} + 1i/\sqrt{2}$
となる。

歩をしている途中のことだった。突然のことでなんの準備もなかったが、彼は大喜びで近くの橋に駆け寄り、ポケットに入っていたナイフで答えを刻みつけた。刻

み込まれたのは次のような式だ。

$$i^2 = j^2 = k^2 = ijk = -1$$

　言い換えると、彼はひとつでなく、ふたつの新たな部分を付け加えるべきだったのだ。ハミルトンが3次元空間で回転を表現することに注目していたら、彼の画期的な発見は何年も前に成し遂げられていただろう。とはいえ、彼が四元数が回転を表現できることに気づいたのは、四元数を定式化した後だった。

空間内でひねる

　回転の軸を定めるには、ふたつの数が必要になる。たとえば右上の図の角 ϑ と φ の大きさを示す数だ。つづいて回転した点を示すのに、その原点からの距離（δ）と、回転軸との角度（図の角 γ）が必要だ。したがって、このような回転を定めるには四つの数が必要になる。2次元の回転で数がふたつしかいらないのは、回転軸を意識する必要がないからだ。回転軸が

変化することがないためである。すべての四元数が $(a+bi+cj+dk)$ の形式になる。a、b、c、d は実数で、i、j、k は −1 の平方根である。ハミルトンの新発見を長いあいだ阻んでいたのは、まさに新発見を新発見たらしめる要素だった。四元数は以下の規則を定めたときはじめて機能する。

$i \times j = k$	$j \times i = -k$
$j \times k = i$	$k \times j = -i$
$k \times i = j$	$i \times k = -j$

ダブリンのブルーム橋にあったハミルトンの落書きは消えてしまって久しく、しかし現在はこの出来事を記念する銘板がつけられている。

明白だが誤り

　ハミルトン自身がこの発想を受け入れるのは、ビエトが自らの複素数という発想を受け入れるのと同じくらい困難だった（82ページ参照）。計算規則はあまりに基本的すぎて、xy=yx が本当に成り立つかなど、だれも考えたことがない。当たり前

四元数がなにを示すために使われようと、最初の数は常に単なる数だが、後ろの三つはそれぞれの次元においての距離を示すと考えられる。ハミルトンは最初の数を「スカラー」、後ろの三つを「ベクトル」と呼んだ。ベクトルは物理学においてきわめて有益なものだ。方向を持つ値ならなんでもベクトルで（たとえば発光弾の速度や加速度など）、方向を持たない値はなんでもスカラーだ（たとえば気温や重さ、密度など）。ベクトルは足し算、引き算、掛け算することもできる。

のように$2 \times 3 = 3 \times 2 = 6$だ。数をかけ算するとき、順序がちがってもなにも変わらないから、かけ算は「可換」である。足し算も可換だ（$x+y=y+x$）。しかし、引き算と割り算はちがう（$x-y \neq y-x$）、（$x/y \neq y/x$）。ふつうの数なら、かけ算が不可換だとは考えられない。下に15個の小玉がある。いちいち数える必要はない、というのは、横3行と縦5列だから、$3 \times 5 = 15$だ。

小玉をいくつか入れ替えて、横5行と縦3列にする。合計は5×3だ。しかし、まちがいなくわざわざこの2番目の計算をする人はいない。答えが同じになるのは明らかに思えるからだ。

ハミルトンにとって、$i \times j = j \times i$になることは明白に思えたのだろう。しかしそれは誤りだった。言い換えると、四元数にとっては、かけ算は非可換なのである。

数と代数記号のあいだで、ここまで明確な断絶が起こったのは初めてだった。この意味では、四元数の発見は抽象代数学（158ページ参照）の発展に至る最初のきっかけだったのだ。この発展につづいて、ほかの数学者たちは、可換性をはじめとした代数規則に拘束されない代数の構造を検証し始めた。可換法則が成立しない四元数は非常に奇妙に思えるが、実は非常に実用的な数学の手法にも関係していた。ベクトルだ（上のコラム参照）。

参照：
▶非実数の世界…74ページ
▶代数幾何学…92ページ

思考の数学
The Mathematics of Thought

論理学はソクラテスやアリストテレスの時代から
ずっと研究されてきた。1833年、あるイギリス
の数学者が、論理学を新たな方法で表現し始めた。

　1833年1月のある日、ジョージ・ブールは
妻とともにドンカスターの町を散歩していた。
彼が補助教員として働いていた町だ。父の事業
が失敗したため、ブールは両親と兄弟姉妹を助
けるためにその仕事に就いた。しかし彼は本当
は大学で数学を学びたかった。家の貧しさのた
めにその願いは叶わず、ブールは独学でできる
限りのことをした。夫妻が凍える野原を横切ろ
うとしたそのとき、ブールは突然ひらめいた。
ニュートンが道を切り開いた数学は、物理的な
世界を説明する点で大きな成功を収めた。なら
ば、それが人間の精神の分析に使えないことが
あるだろうか？

1854年に刊行されたジョージ・
ブールの著書『思考法則の研究』は、
情報理論とデジタルコンピューテ
ィングの基礎となった。

古典的な思考

この問いに答えることが、その後のブールの人生の大半を占めた。のちの数多くの科学者や数学者の人生も同様だ。ブール自身わかっていたとおり、この分野への最初の一歩を踏み出した人物は、紀元前350年ごろのアリストテレスだ。著書『分析論前書』において、アリストテレスはのちに論理学と呼ばれるいくつかの原則を示した。具体的には、アリストテレスは次のような議論を取り上げた。

「すべての人は死す
ソクラテスは人だ
したがってソクラテスは死す」

これだけでは驚愕の意見とはいえないが、アリストテレスは、この議論から思考を定型化することができると考えた。

すべてのAはBである
CはAである
したがってCはBである

この定型は、同じ種類の議論すべてに当てはめられる。まるで代数のようだ。

ゴットフリート・ライプニッツは2進法またはバイナリの数学を追究した。ブールも代数研究の中で2進法を使った。

$a^2 + b^2 = c^2$ は次のようにはたらく。
a=3、b=4そしてc=5だし、同様に
a=5、b=12そしてc=13、また
a=7、b=24そしてc=25
どんどんつづく。

同じように、アリストテレスの議論の定型
すべてのAはBである
CはAである
したがってCはBである
は下のどちらでも成り立つ。
A=哺乳類、B=肺がある、C=犬
A=多角形、B=対称、C=正方形

しかしブールのしくみはもっと、はるかに強力だ。

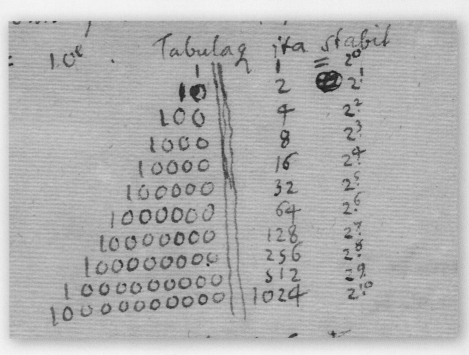

彼は「and」「or」「not」という概念を代数の表現に置き換える方法を見つけたのだ。

真実を見つける

ブールの最初の一歩は、「真」と「偽」を数で表す方法を見つけることだった。この答えは実は2世紀近く前にすでにライプニッツによって出されていた。1679年ごろ、ライプニッツは2進法（もしくはバイナリ）を提案した。2進法の強力な利点はその単純さだ。2進法に必要なのはふたつの数だけだ。1と、0。これこそがブールが求めたものだった。どんな値もふたつの記号だけで表せるしくみだ。

つまり、2進法の採用によって、ブールは数を「真の値」に変換できるようになった。1＝真、0＝偽である。この発想を得て、ブールと彼に追随する数学者たちは、NOT、AND、ORを含む議論の基本要素を表せるようになった。これらの要素は論理回路と呼ばれる。ゲートのように開閉するからだ。下の図はAND回路を表す一例だ。

ここでAとBは入力、Yは出力にあたる。Aが真かつ（AND）Bが真なら、出力であるYも真になる。中央の絵の部分は、AもBも真であるときだけ開く門だ。AかBの少なくともひとつが偽であれば、門は閉じた

ままで、Yは偽となる。

論理ゲートを言葉で説明しようとすると不格好になるが、真偽表ならずっとわかりやすい。ありうるすべての入力を挙げて、それに対応する出力を示すのだ。以下がAND回路の真偽表だ。

入力A	入力B	出力
偽	偽	偽
偽	真	偽
真	偽	偽
真	真	真

これを数で表すと、

入力A	入力B	出力
0	0	0
0	1	0
1	0	0
1	1	1

ジョン・ベンが1881年に、彼自身の名を冠した図を

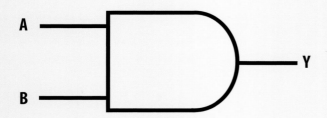

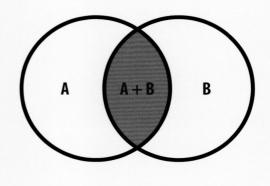

ほかの論理回路とは、ORとNOTに対応するものだ。NOTは1個の入力しかとらず、逆の出力を出す。ONまたは真または1を入力すると、出力はOFFまたは偽または0になる。その逆も成り立つ。

OR

入力A	入力B	出力
0	0	0
0	1	1
1	0	1
1	1	1

NOT

入力A	出力
0	1
1	0

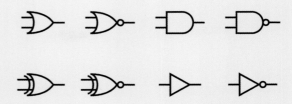

ブール数学によって定められたほかの論理回路は、こんな記号で表される。

発明してくれたおかげで、ANDはこんな図でも表せる。

もしくは、もっとも短く表すなら、記号「・」を使ってA・Bだ。

コンピューター科学

数学上の大発見をなしとげたおかげで、ブールは大学で数学を研究する夢を1849年に叶えた。アイルランドのクイーンズ・カレッジ・コークで、最初の数学教授に任命されたのだ。ブールの発明はコンピューター発展の鍵だった。コンピューターこそがブールの望んだとおりに、数学を推論に利用する機械だ。ブールの活躍当時、コンピューターはすでに設計されていた。1820年代、チャールズ・バベッジが考案した「機関（階差機関、解析機関）」は機械的で、蒸気機関で動き、10進法を採用するはずだった。しかし実際に組み立てるとき、バベッジはほんの少しだけ機関を進歩させた。実際、バベッジは彼のコンピューターを単なる数学機械だと考えていたが、彼の友人にして同僚のラブレス伯爵夫人エイダは、その記録を残すのを手助けし、その機械がすべての種類のデータを扱えると高く評価している。

プログラム可能な装置

2進数による入力で操作する最初の機械はもっと早期につくられていた。1801年、ジョゼフ・マリー・ジャカールは自動織機を完成させた。パンチ穴をあけたカードで模様を操作する織機だ。穴は色糸を導く。それぞれの穴は1を、穴があいていない場所は0を示す。バベッジの解析機関もこのようなカードで操作される予定だったが、ラブレスはジャカールの発明に直接言及し、こう述べている。「的確に表現するなら、ジャカールの自動織機が花や葉の図柄を描くように、解析機関は代数の模様を描くのだと言ってもよい」

現在から振り返ると、機械で人間の推論を自動化し

右：三極管のスイッチがオフになると、電流は回路を流れない。しかしフィラメントのスイッチが入れば、真空管の中の空気が熱されて、イオンが発生する。このイオンのために空気は電流を通し、電気は送電線と陽極のあいだを流れる。

さに文字通りの門だ。電子的なAND回路はふたつの三極管でつくることができる。どちらか、もしくは両方のスイッチがオフなら、電流は回路を流れない。両方のスイッチが入っていたら、電熱線は熱くなり、真

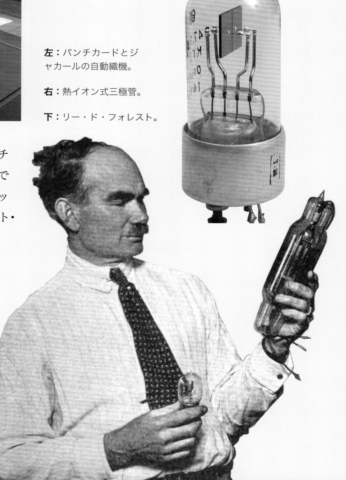

左：パンチカードとジャカールの自動織機。

右：熱イオン式三極管。

下：リー・ド・フォレスト。

ようとずっと苦闘してきたようすが見て取れる。チャールズ・サンダース・パースはまた異なる手法で挑戦を行った。パースは論理回路は電子的なスイッチでつくれるだろうと考えた。それこそがコンラート・ツーゼが1941年につくったZ3である。

真空管

　論理機械の発展において、それを実際につくる上で画期的だったのは、1906年、リー・ド・フォレストによる三極管の発明だ。三極管は最初の電子機器のひとつで、開閉することで電流を通したり遮ったりする、ま

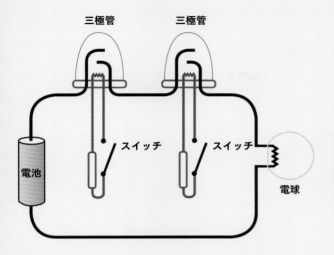

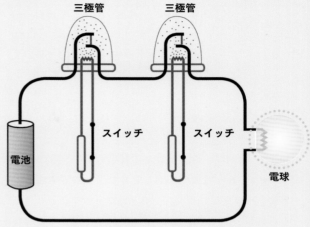

空管の中でイオンが発生する。そのため電流が両方の真空管を流れ、回路全体を回り、真空管は明るくなる。このスイッチがAND回路に対する入力で、真空管の明かりが出力である。

情報を処理する

　1942年以降、いくつものデジタル電子コンピューターが真空管を使ってつくられた。1948年、クロード・

シャノンは、数学の手法でいかに有利にすべての種類の情報を表し、また処理するかをつぶさに述べた論文を執筆した。この論文はコンピューターの論理機械としての発展を加速させた。今日では、コンピューターは計算機としてより、常に判断する機械としてはたらいている。

参照：
▶ゼノン、ラッセル、ゲーデルのパラドックス…166ページ

ミニバック601は最初期のパーソナルコンピューターのひとつだ。1961年、クロード・シャノンによって開発された。

抽象代数学
Abstract Algebra

代数学は、時代を超えて発展していくうちに、どんどん抽象度を増してきた。なかでももっとも重要な一歩を挙げるなら、ディオファントスとビエトによる数学記号の導入だ。19世紀末から20世紀初頭にかけて、数学の抽象化は、新たに生まれた抽象代数学の発展とともにますます強まった。抽象代数学は、現代数学においてもっとも重要な分野のひとつだ。

代数学の力は抽象化に宿っている。現実、というよりは計測可能な現象から離れるにつれ、より広い分野の課題に対応できるようになったからだ。経済学、工学、そして素粒子物理学など代数学の応用範囲は広い。

$3^2+4^2=5^2$ という等式は、ふたつの特定の農場の面積を足すには役立つが、この等式そのものからはほかに得るものはなく、興味深い新たな発見もない。しかし抽象的な式である $a^2+b^2=c^2$ は非常に有用で、この式から新たな興味深い発見が得られる。さらに $a^n+b^n=c^n$ となれば、抽象化の新たな段階に達し、この等式の研究はフェルマーの最終定理の証明（98ページ）、そしてその先に強力な数学の新分野の発展につながる。

新たな世界のための新たな言葉

$a^n+b^n=c^n$ をめぐる新たな発見は、大きな突破口となるだろう。しかしより遠くへ行けるとしたら？　足し

幾何学を含むすべての数学は、現実のものを計測する必要から生まれた。抽象代数学はその数学自体の構造を解き明かそうとする分野だ。

算、あるいはべき乗という概念について、なにか新しいことが見つかるとしたら？　それはほんの一握りの数学者たちしか達成できない、数学全体に関わる革命的な発見だ。

しかし抽象化の水準が高くなると、議論すること
すら難しくなる。最後に挙げた等式では、a、b、c、
nはそれぞれ数を示す。しかしより深い段階に進むと、
別の新たな言語が必要になる。単に数を表すだけで
ない言語だ。この言語の一部は、代数的構造（160ペ
ージ参照）と呼ばれる概念に関係している。

抽象化が持つ力

抽象代数学に出てくる新たな言葉は、一見、かな
り複雑に見える。この話題になると、ほとんどの場合、
たくさんの概念や構造についての長く厳密な
定義から始まるからだ。しかしよくあ
ることだが、具体例を通して要点を
つかむのがいちばんかんたんだ。

抽象化が進んで、代数学は
ますますほかの分野の研究
に便利に使えるようになっ
た。二次方程式やその他
の高次方程式は、工学、
経済学、物理学、ほ
か数多くの他分野
に当てはめるこ
とができる。し

エミー・ネーターはおそらく、
その功績がほとんど知られて
いない数学者だ。彼女の研究
は20世紀はじめから現在ま
でつづく素粒子物理学の分野
を大きく加速させた。

かし、抽象代数学にはとてもかなわない。天文学や
弦理論のような分野では、数学的な構造自体が研究
対象で、ネーターの定理（160ページ参照）は自然の
法則に新たな洞察をもたらした。群論はオメガマイ
ナス粒子とヒッグス粒子両方の存在を予言するのに
役だった。

新たな数学の誕生

群論の誕生につながるアイデアのいくつかをコーシ
ー（136ページ参照）が思いついたのはたしかだが、
この分野の持つ力を真に示したのはガロアだ。一方、
ニュートンが物体の運動を調べる道具として微積分
を発見したように、ガロアは5次方程式が解けるか
どうか、解けないならなぜ解けないのか（140
ページ参照）を探求するための道具として
群論を発展させた。

今日、抽象代数学の創始者と
して知られている人物はエミ
ー・ネーターだ。すべて
の女性数学者の中で群
を抜いて偉大な人物で
ある。特に、彼女は数
学の「環」の持つ圧
倒的な力を示した。

部外者

ネーターの人生には苦労が絶えなかった。当時、女性の立場で高度な教育と、数学にかかわる有給の職を得るのは非常に困難だったのだ。さらにユダヤ人だったネーターは、1930年代のドイツから、アメリカに亡命せざるを得なかった。ナチス・ドイツの勢力が増し、ユダヤ人迫害がはげしくなったためだ。

その後の人生で、ネーターはたびたび不当に軽視されることとなった。その理由のひとつは、彼女が社会慣習にあまり関心を払わず、着心地のいい服を着て、言いたいことを言い、淑女らしい振る舞いに時間を割くことがなかったからだろう。ただし実際には、ネーターはとても幸福な一生を送ったようだ。それはおそらく、彼女の人生にとって本当に重要なことは三つしかなかったからだろう。家族、数学、そして彼女の教え子たちだ。ネーターに師事した学生たちの多くは、20世紀のもっとも偉大な数学者の一角をなした。

アインシュタインを救う

ネーターの業績の中で、おそらくもっとも偉大な大発見は、彼女が純粋数学から少し離れていた時期に生まれた。1915年、アルバート・アインシュタインが一般相対性理論を発展させようと苦闘しており、ネーターに助けを求めたのだ。

アインシュタインは、エネルギーが時空間の中でどう振る舞うかを突き止めたかった。ネーターはまさにその助けとなった。ほとんどの数学者は、物事を一般化したいと考える。ネーターも例外ではなかった。彼

Column
代数的構造

群は、数学の謎を奥深くまで掘り下げて調べたり、数学的な手法を科学的問題に応用したりするとき大きな威力を発揮する。群をつくるのに必要な情報は次のふたつだ。

1. 数、図形など、群の考え方を当てはめることができる何らかの対象。これを元という。

2. 数、図形などの対象に対する何らかの演算。

たとえば整数は、足し算に対して群になる。これを整数加法群と呼び、Z+ で表す。Z+ は（整数が無限にあるので）無限群である。

この場合、演算はふたつの数あるいは図形に対して作用するものでなければならない。したがって、たとえば「平均を取る」といった演算では群をつくることができない。なぜなら平均はたくさんの数を一度に扱う演算だからだ。ふたつの数に対する演算は、2項演算と呼ばれる。

正三角形の回転操作も群をつくることができる。これは有限群である。

群の部分集合がまた群の性質を持つ場合、それを部分群という。三つの元を持つ正三角形の回転群は、回転と折り返しの六つの元からなる正三角形の対称群の部分群でもある。

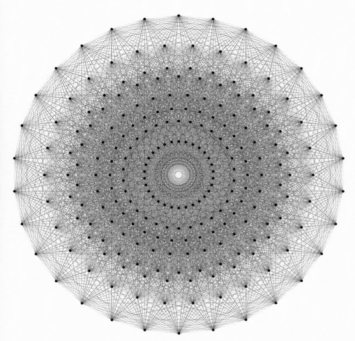

通常の数を拡張した、E8と
呼ばれる248次元の群を可視
化したもの。

に対して群になる。しかし、割り算に対して
は群をなさない。なぜなら、たとえば 1/2
= 0.5 であり、0.5 は整数ではないからだ。

　環も、群に似ている。違いは、環が二種類
の2項演算（たとえば足し算とかけ算）を含
む点だ。四元数のように、環も最初は数学そ
れ自体を探究するために生み出された概念
だったが、今ではインターネットを介して送
信される情報の符号化など、コンピューター
の分野で広く応用されている。

　正三角形や他の正多角形の対称性
を表す群は二面体群と呼ばれる。正
三角形の対称群は D6 と書く。D は
二面体（Dihedral）、6 は元の数を
表す。
　群の重要な定義のひとつは、群の
元に演算を作用させて得られるもの
が同じ群の元になっていなければな
らない点だ。たとえば、整数は整数
同士をかけても整数なので、かけ算

正三角形の対称群

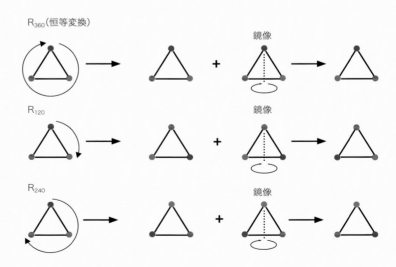

ネーターは、友人宛の葉書に
も数式を記した。

立つことを証明するものだ。

保存則

物理学では、エネルギーは保存されると考える。つまり、エネルギーの形は変わっても、エネルギーの総量は損なわれない。太陽が持つ原子エネルギーは、光と熱のエネルギーに変わる。光は植物に吸収され、化学エネルギーとして蓄えられる。人間は植物を食べて消化し、エネルギーを取り出して体を動かすのに使う。つまり、運動エネルギーに変えたということだ。体を動かすと、体とその周辺が温かくなる。運動エネルギーが熱エネルギーに変わったのだ。この熱エネルギーの量は、最初の原子エネルギーの量と等しい。運動量も保存される。ある物体がほかの物体に衝突すると、最初の物体は減速（運動量を失う）し、衝突された物体は動き始める（運動量を得る）。

女が発展させたのは、数学だけでなく物理学においても成り立つおそらくもっとも一般的で強力な定理で、あらゆる保存則は対称性に対応し、またその逆も成り

保存則の発見は、物理学におけるまさに偉業だ

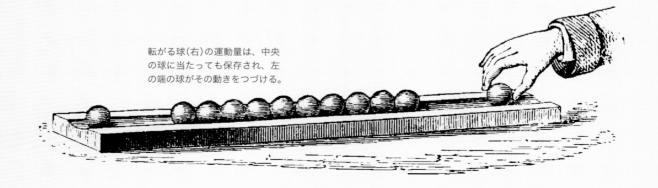

転がる球（右）の運動量は、中央
の球に当たっても保存され、左
の端の球がその動きをつづける。

やってみよう！

物体の運動量とは、動きつづけようとする性質にある。自分に向かって投げられたボールを受け止めたとき、この効果が感じられるだろう。ボールの動きつづけようとする性質を上回るにはちょっとした力がいる。ボールが重くなればなるほど止めるのがむずかしくなる。運動量は質量に比例する（運動量 ∝ m）からだ。運動量は速度にも依存する。ボールが速くなればなるほど止めるのはつらくなる（運動量 ∝ v）。運動量を決めるのはこのふたつの値だけで、その関係はこう表せる。運動量 =mv。

ふつう、運動量が一定なのはすぐ見て取れる。ボールを受け止めたとき、運動量は手に移動する。手が後ろに押され、いくらかは手の細胞に伝わり、加速させる。強いボールを受けると、手が少し熱くなるのを感じることがあるだろう（運動量がなければ、野球のようなスポーツはまったく楽しくないはずだ）。

しかし、運動量が一定に保たれていないように思われる例もある。ボールを落としたとき、その速度は落ちるにつれて上がり、運動量は急速に増える。これは、ボールも地球全体を含む大きな系の一部で、ボール＋地球の運動量は一定にとどまるからだと説明することができる。受け止めたボールについても同じで、ボールだけを見てキャッチャーを見なければ、ボールの運動量はただ消えたように見える。さて、どの物体がどの系の一部かわかる人間はいるのだろうか？その謎は対称性にある。念頭に置いておきたいのは、対称性とは、変化があっても前と同じ形にとどまることなのだ。ボールに変化を与えてみよう。ボールの位置を変えてみる。ボールが、

はるか宇宙空間にあって静止している。新たな運動量を与えてボールを動かすことはない。ほかのボール1個を何キロメートルか離れたところに置いてみる。どちらも静止したままにとどまり、運動量も同じだ。つまり、これが対称性の例で、ものの位置に関係するものだ。さて、また別の、同じ種類のボールを、地球の表面から100,000キロメートル上空に置いてみよう。今度は、ボールは手を離したとたんに動き始め、ゆっくりと地球に向かって漂っていく。また同じ種類のボールを1,000キロメートル上空に置いたら、こちらも手を離したとたんに動き始めるが、もっとずっと速度が速い。ここには対称性はない。

このちがいは、質量の大きな物体の近くの空間と遠くの空間の差によるものだ。質量の大きな物体のそばでは、空間はひずみ非対称的で、運動量は一定ではない。広大な領域すべてを考慮に入れると、つまり質量の大きな物体そのものやその周辺の何百万キロメートルもの範囲もすべてだが、その場合だけ運動量保存が当てはまる。

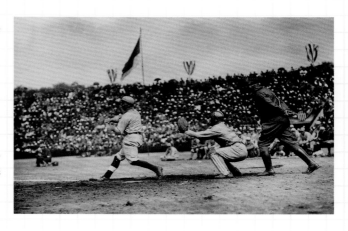

対称性の破れ

すべての磁石はそれぞれのはしに逆の極を持っている。したがって磁石は対称な物体ではない。ふたつの磁石を並べ、N極どうしを近づけたら、磁石は反発して離れようとするだろう。しかし、片方を回して、N極とS極が向かい合うようにすると、引き合う力がはたらく。つまり、この操作は操作する前とは別の状況が起こるわけで、対称性の例にはならない。

一方、磁石を十分に熱すると（かつてキュリー点と呼ばれた温度まで）、磁石から磁力が消える。極がなくなり、回転させても両者の関係は変わらない。したがって、先ほどは存在しなかった対称性が生じた。しかし磁力はいつまでもなくなったままではない。磁石を冷やせばまた磁力が生じる。この冷却と磁力の再発生が「対称性の破れ」の一例だ。

初期の宇宙、ビッグバンのすぐあとは、とてつもない高温状態で、磁力ははたらかなかったといわれる。さらに奇妙なことに、重力やほかの自然界の基本的な力（電磁力、強い力、弱い力）もなかったのだ。十分な高温の中では、これらの力のちがいはわからない。本当に驚くべきことだが、重力や磁力は相当異なるものだ。重力はすべての物体のあらゆる方向に同様にはたらく。磁力はあきらかに金属とそ

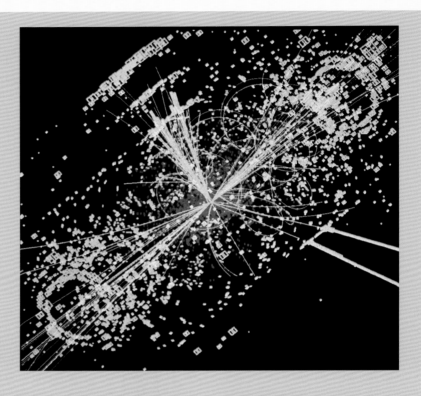

初期の宇宙は、クオークグルーオンプラズマといわれる、粒子加速器のなかで再現され、観測されるような状態だったといわれる。

のほかのいくつかの物体にしかはたらかず、引き寄せるのと同等に反発もする。電気と一体になってモーターや発電機、風力発電システムや電波をもたらす。これらは重力では起こらない。

数学は宇宙の起源を研究する道具として使われている。宇宙の初期は、温度が非常に高く、研究室で再現することが不可能なため、数学に頼らざるを得ないのだ。

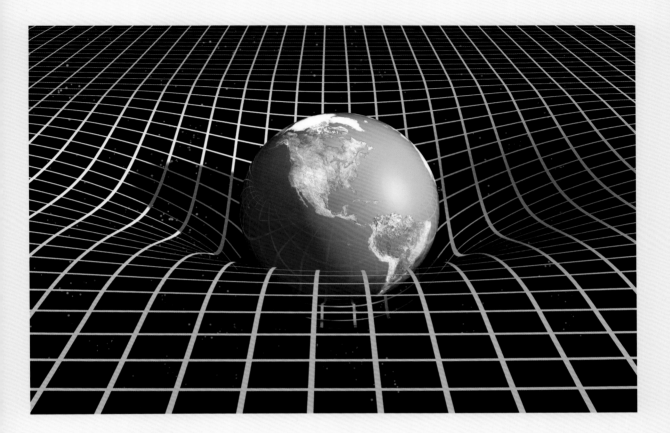

った。しかし保存則について、次のような疑問を投げかけることができる。いったいなぜあるものは保存則に従い、ほかのもの（光、水、あるいは音）は従わないのか？「対称性の破れ」とは何なのか？

ネーターのおかげで、この疑問に迫ることができる。彼女の定理は、それ自身として非常に有用で、工学から天文学まで、科学のたくさんの分野で日常的に使われる。それだけでなく、ネーターの手法は、ほかの群論の理論家たちによる成果と合わせて、物理学の基礎を見直す新たな視点へと導いた。特に、宇宙の始まりや物質の基本的な性質を研究する物理学者たちは、「対

アインシュタインの相対性理論は、空間と時間がエネルギーによっていかにゆがまされるかを示した。この理論は光速が不変であり（絶対的）、したがって空間と時間は変化しうること（相対的）に基づいている。

称性の破れ」という発想を大いに活用している。

参照：
▶最大を求めよ…86ページ
▶群論…140ページ

ゼノン、ラッセル、ゲーデルの
パラドックス
Paradoxes of Zeno, Russell, and Gödel

数学の歴史には三度の危機が訪れた。数学者たちはそれぞれにまったくちがう対処をした。

これらの危機の中で、最初でかつもっとも重要なものは、紀元前530年の無理数の発見だった（30ページ参照）。この発見の影響は数学全体に及び、数学者は関心を寄せる対象を代数学から幾何学に変え、この傾向は何世代もつづいた。無理数が数学において意味のある要素として認められるまでには、発見後何世紀もかかった。第二の危機は微積分の成立とともに訪れた。無限小とは、ほとんど0だが0ではないというものだが、この概念は当初から多くの数学者にとって落ち着かない代物だった。しかし微積分が有益なこともたしかだったので、彼らはこの考えを受け入れることにした。数学が発展し、微積分の重要度が増すにつれ

て、しつこい疑念は批判に変わった。哲学者にして聖職者のジョージ・バークリーは、批判的な言動を整理して、数学者たちがそれを真に受けるよう尽力した。彼は無限小を馬鹿にして「死んだ値の亡霊」と呼んだ。無限小は数を極限まで小さくした結果ととらえることができる。それでは最終的にはどうなるのか？

アキレスとカメ

古代ギリシャにエレアのゼノンという哲学者がいた。この問いがなぜ重要なのかを最初に指摘した人物である。足の速いアキレスでも、リクガメのような動きの遅い生きものを追い抜けないことを説明しようとしたのだ。アキレスは、カメが出発した場所までいくのに半秒かかるとする。そのときにはカメはほんの少

エレアのゼノンは、パラドックスで仲間たちを困惑させた。

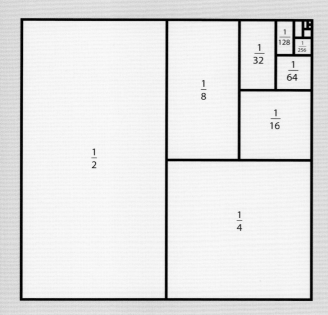

			$\frac{1}{128}$	
		$\frac{1}{32}$	$\frac{1}{256}$	
$\frac{1}{2}$	$\frac{1}{8}$	$\frac{1}{64}$		
		$\frac{1}{16}$		
	$\frac{1}{4}$			

可能性としてはこの正方形は
無限に小さな空間に分けられ
る。だが現実には不可能だ。

し前に進んでいる。アキレスがその距離を追いつく
のに4分の1秒かかると、そのときにはカメはさらに
進んでいる。アキレスはもう8分の1秒かけて追いつ
く。この過程に終わりはないように思える。つまり、
いかなるアキレスであっても、カメには追い
つけないことを暗示しているのだ。

　しかし当時のギリシャ人た
ちに受け入れられた答えは、
すべてはアトムからできて
いるという理論だ。アトムは
あまりに小さすぎてこれ以上
分けられないものだ（アトム
は「分けられない」を意味す

る）。もしこれが本当ならアキレスは、距離を半分にな
どしなくて済む地点まで、（おそらくは）一跳びでたど
り着くだろう。

無限という災厄

　数学者たちは、無限についてよく似た問題を考えた
ことがあった。ケプラーの樽問題（86ページ）の例
をふたたび引こう。この例では、大樽は非常に薄い切
片が無限に重なってできていると考えた。退屈だった
り、時間が足りなかったりするのでなければ、ケプラ
ーの考えた方法を永遠に続ければ、正しい結果にどん
どん近づいていくはずだ。この問題はゼノンのパラド
ックスに似ている。無限の数の切片があるなら、そ
の大きさはどれくらいだろうか？　それぞれが1兆の
1兆倍立方センチメートルだとして、それらの無限個
ある小さな数をすべて足し合わせる（ある数の無限倍
＝無限である）。一方、それぞれの値がゼロであれば、
無限に足し合わせてもゼロだ（0+0+...=0）。つまり、

デモクリトスは、同時代
の哲学者ヘラクレイトス
と比べて、生について（死
についても）あまりまじ
めに考えていなかった。

それらが無限個なければならないし（そうでなければ、それが途中で止まる理由がいる）、そしてそれらは無限個でもなく、ゼロにもなり得ない。ではどんな値だろうか？

極限を定める

見えないアトムの話を持ち出してどうにかアキレスをカメに勝たせても、無限の問題を解決する助けにはならない。そもそも無限小を厳密に定義し、その振る舞いを理解することができるか？　実は無限小を定義できないとしたら、微積分の基礎になにか別のものを据えることができるか？　この問題は長年数学者たちを悩ませたが、ついにオーギュスタン゠ルイ・コーシーによって解かれた。まずコーシーは極限を次のように定めた。「連続的に変化する変数がある固定値に無限に近づき、かつその固定値と変数の差を好きなだけ小さくできるとき、その固定値を極限と呼ぶ」。次にコーシーは、無限小を「極限0に向かって限りなく減少する値」と定義した。

このようにしてコーシーは、答えられない問いを退けたのだ。「なにかをこれ以上できないほど小さくするとして、それはどこで終わるのか？」。コーシーは率直にこう述べている。「必要なだけ小さくするだけだ」。あるいは「無限に小さい」という概念を「なんであれ量が小さければ役割を果たせる」と言い換えたともいえるだろう。

また別の危機

第三の危機は1930年代初頭に訪れた。そのころま

$$\lim_{x \to \infty} \frac{1}{x} = 0$$

$$\lim_{x \to 0^+} \frac{1}{x} = \infty$$

この数学的表記は、なにかが無になり、また無がすべてになることを示すのに使われた。

でには、その危機に気づく数学者がどんどん増えていた。初期の数学者たちが行った証明の多くは、可能な限り確かなものとは言えなかったので、数学は完璧に確固たる基盤の上になければならないという気運が起こったのだ。特にこの考えに熱中したのは二人の数学者だった。ダフィット・ヒルベルト（1900年に、次の新世紀に数学者が取り組むべき課題として「ヒルベルトの23の問題」を提示した）と、バートランド・ラッセルだ。ラッセルは哲学者にして数学者であり、すべての数学は最終的に論理学であることを示そうとしていた。ラッセルは同僚であるアルフレッド・ホワイトヘッドとともに、三つの驚異的な仕事に取り組んだ。アイザック・ニュートンの『自然哲学の数学的諸原理（プリンキピア）』は物理学に大きな貢献をしたが、

それと同等の貢献を数学に対してなそうとしたのだ。自分たちの著書にラテン語のタイトル『プリンキピア・マテマティカ』をつけたほどだ。しかしそこに問題が生じた。

パラドックス

哲学者としてラッセルは、パラドックスの存在をよく知っていた。一見すると意味があるようだが、実は意味がない文章だ。例を挙げよう。

次の文章は真である。
前の文章は偽である。

問題はどちらが、あるいは両方が、真なのかだ。一文めが真であれば二文めは真でなければならない。しかし二文めでは一文めが偽だといっているわけで、であれば一文めは偽だ。したがって一文めは「次の文章は偽だ」と読まなければならないがそうなると二文めは「前の文は真だ」と読まなければならなくなり……最初に戻って、論理のループをぐるぐる回ることになる。このような文章の例はたくさんある。次の単純な一文を見てみよう。

この文章は偽である。

これまでどおりこの文の真偽を見極めてみよう。もし真であれば、この文は偽である。そう言っているからだ。しかし偽であるならば真で、であれば偽で……

ナンセンスに意味を見いだす

これらの例が示すのは、言語はおかしなもので、そんなに科学的ではないということだ。すぐにナンセンスに陥ってしまう。では、言語は科学的であるべきなのか？　たとえば詩はどうか。詩は言語をまったく科学的でない方法で使っているが、だからこそ趣があるともいえる。ラッセルと同僚たちにとっての問題は、この種のパラドックスが彼らの仕事にも当てはまることだった（171ページのコラム参照）。それゆえラッセルとホワイトヘッドは『プリンキピア』を書き、悩

バートランド・ラッセルは、数学と同じくらい哲学に精通し、平和主義を世界に向けて主張した。

SECTION A]   CARDINAL COUPLES   379

$*54 \cdot 42.$ $\vdash :: \alpha \epsilon 2 . \supset :. \beta \mathbf{C} \alpha . \mathbf{E} ! \beta . \beta \neq \alpha . \equiv . \beta \epsilon \iota `` \alpha$

Dem.

$\vdash . *54 \cdot 4 . \supset \vdash :: \alpha = \iota`x \cup \iota`y . \supset :.$
$\qquad \beta \mathbf{C} \alpha . \mathbf{E} ! \beta . \equiv : \beta . \equiv : \beta = \Lambda . \mathbf{v} . \beta = \iota`x . \mathbf{v} . \beta = \iota`y . \mathbf{v} . \beta = \alpha :$

$[*24 \cdot 53 \cdot 56 . *51 \cdot 161] \qquad \equiv : \beta = \iota`x . \mathbf{v} . \beta = \iota`y . \mathbf{v} . \beta = \alpha \qquad (1)$

$\vdash . *54 \cdot 25 . \text{Transp} . *52 \cdot 22 . \supset \vdash : x \neq y . \supset . \iota`x \cup \iota`y \neq \iota`x . \iota`x \cup \iota`y \neq \iota`y :$

$[*13 \cdot 12] \qquad \supset \vdash : \alpha = \iota`x \cup \iota`y . x \neq y . \supset . \alpha \neq \iota`x . \alpha \neq \iota`y \qquad (2)$

$\vdash . (1) . (2) . \supset \vdash :: \alpha = \iota`x \cup \iota`y . x \neq y . \supset :.$
$\qquad\qquad\qquad \beta \mathbf{C} \alpha . \mathbf{E} ! \beta . \beta \neq \alpha . \equiv : \beta = \iota`x . \mathbf{v} . \beta = \iota`y :$

$[*51 \cdot 235] \qquad\qquad\qquad \equiv : (\mathbf{H}z) . z \epsilon \alpha . \beta = \iota`z :$

$[*37 \cdot 6] \qquad\qquad\qquad \equiv : \beta \epsilon \iota `` \alpha \qquad (3)$

$\vdash . (3) . *11 \cdot 11 \cdot 35 . *54 \cdot 101 . \supset \vdash . \text{Prop}$

$*54 \cdot 43. $ $\vdash :. \alpha , \beta \epsilon 1 . \supset : \alpha \cap \beta = \Lambda . \equiv . \alpha \cup \beta \epsilon 2$

Dem.

$\vdash . *54 \cdot 26 . \supset \vdash :. \alpha = \iota`x . \beta = \iota`y . \supset : \alpha \cup \beta \epsilon 2 . \equiv . x \neq y .$

$[*51 \cdot 231] \qquad\qquad\qquad \equiv . \iota`x \cap \iota`y = \Lambda .$

$[*13 \cdot 12] \qquad\qquad\qquad \equiv . \alpha \cap \beta = \Lambda \qquad (1)$

$\vdash . (1) . *11 \cdot 11 \cdot 35 . \supset$

$\qquad \vdash :. (\mathbf{H}x, y) . \alpha = \iota`x . \beta = \iota`y . \supset : \alpha \cup \beta \epsilon 2 . \equiv . \alpha \cap \beta = \Lambda \qquad (2)$

$\vdash . (2) . *11 \cdot 54 . *52 \cdot 1 . \supset \vdash . \text{Prop}$

From this proposition it will follow, when arithmetical addition has been defined, that $1 + 1 = 2$.

$*54 \cdot 44. $ $\vdash :. z, w \epsilon \iota`x \cup \iota`y . \supset_{z,w} . \phi (z, w) : \equiv :. \phi (x,x) . \phi (x,y) . \phi (y,x) . \phi (y,y)$

Dem.

$\vdash . *51 \cdot 234 . *11 \cdot 62 . \supset \vdash :. z, w \epsilon \iota`x \cup \iota`y . \supset_{z,w} . \phi (z, w) . \equiv :$
$\qquad\qquad\qquad\qquad z \epsilon \iota`x \cup \iota`y . \supset_z . \phi (z,x) . \phi (z,y) :$

$[*51 \cdot 234 . *10 \cdot 29] \equiv : \phi (x,x) . \phi (x,y) . \phi (y,x) . \phi (y,y) :. \supset \vdash . \text{Prop}$

$*54 \cdot 441. $ $\vdash :: z, w \epsilon \iota`x \cup \iota`y . z \neq w . \supset_{z,w} . \phi (z, w) : \equiv :. x = y : \mathbf{v} : \phi (x,y) . \phi (y,x)$

Dem.

$\vdash . *5 \cdot 6 . \supset \vdash :: z, w \epsilon \iota`x \cup \iota`y . z \neq w . \supset_{z,w} . \phi (z, w) : \equiv :.$
$\qquad\qquad z, w \epsilon \iota`x \cup \iota`y . \supset_{z,w} : z = w . \mathbf{v} . \phi (z,w) :$

$[*54 \cdot 44] \qquad \equiv : x = x . \mathbf{v} . \phi (x,x) : x = y . \mathbf{v} . \phi$

$\qquad\qquad\qquad\qquad y = y . \mathbf{v} . \phi$

$[*13 \cdot 15 \qquad \equiv : x = y . \mathbf{v} . \phi (x,y) : y = x . \mathbf{v} .$

$[*13 \cdot 16 . *4 \cdot 41] \equiv : x = y . \mathbf{v} . \phi (x,y) . \phi (y,x)$

This proposition is used in $*163 \cdot 42$, in the ....
exclusive relations.

みの種である数学上のパラドックスを避けられることを保証する必要があった。

完全な破壊

　すべてはうまくいっていた。しかし1931年、25歳のドイツ人数学者クルト・ゲーデルが、パラドックスにかんする論点を解決するまでの話だ。その解決はだれもが納得して喜ぶ方法ではなかった。ゲーデルの定理は、数学も含めて「形式体系」の全般を分析するものだった。その中にパラドックスが含まれるのか、含まれるならその意味するところはなんなのか。ゲーデルは数学のなかにパラドックスが**ある**こと、また数学とパラドックスには致命的なかかわりがあることを証明した。

上：ラッセルの『プリンキピア』は、379ページになってやっと「1+1=2」を証明した。

右：中央がクルト・ゲーデル。アインシュタイン（左）から賞を受けている。

数学における パラドックス

集合は数学の中でとても重要な役割を果たしている。「集合」という単語には正確な定義がなく、ただなにかの集まりを示す。整数は集合だし、惑星も、図書館の本も集合だ。ラッセルを悩ませた問題も集合にかかわっている。

1. 多くの集合はその集合自身の要素ではない。船の集合は船ではないし、数の集合も数ではない。2. しかし中には、自分自身の要素になっている集合がある。集合「数学的思考」は自分自身の要素だし、集合「sで始まるもの」には集合（sets）が含まれるし、集合の集合（set of sets）も含まれる。3. なにからでも集合をつくることができる。こんな集合だ。「集合自身の要素にならない集合の集合」。すると、この集合には船の集合も数の集合も含まれるが、「数学的思考」の集合や集合の集合、または集合「sで始まるもの」は含まれない。4. この新たな集合は自分自身の要素になるだろうか？ 5. もし要素に**なる**なら、「集合自身の要素に**ならない**集合の集合」に含まれない。つまり、要素にならない。6. 要素に**ならない**なら、「集合自身の要素にならない集合の集合」に含まれる。つまり、要素に**なる**。

もう少しかんたんな例を示そう。小さな村にジョーという床屋がいた。村の男の多くは自分でひげを剃っていたが、何人かはジョーの店に行き、ジョーがひげを剃っていた。実際、ジョーは自分でひげを剃らない村の男全員のひげを剃っていた。ある日ジョーは、ほかの床屋が村に移り住むらしいという噂に悩まされるように

なった。ジョーは村の議会に行き、ジョーだけがひげを剃れるという法をつくるよう要求した。多少の懸念はあった。ジョーは法を盾にして、すでに自分でひげを剃っている人に店に来るよう強要し、小金を稼ごうとしているかもしれない。あるいは、ジョーが大幅な値上げをしたらどうなるか？ ジョーの客はほかの店には行けない。ジョーは公式に村で唯一の床屋なのだから。さて、結局議会は法を通したが、その文言は非常に注意深いものだった。「床屋のジョーは、自分でひげを剃らないすべての男のひげを剃らなければならない。しかし、床屋のジョーは自分でひげを剃る男（自己剃髭者）のひげを剃ってはならない。違反者には罰金を科す」。

ジョーは喜んだが、翌朝いつものとおり洗面所に行き、ひげ剃りを手に取って、……やめた。もし自分でひげを剃れば、ジョーは「自己剃髭者」である。しかし法によれば、床屋ジョーは自己剃髭者のひげを剃ってはいけないのだ。ジョーはひげ剃りを元の場所に戻した。ジョーはおそらくひげを伸ばさなければいけないだろう。そうすればジョーは完璧に「自己剃髭者」にならなくて済む。しかしそこで彼は法を思い出した。ジョーは自己剃髭者でないすべての男のひげを剃らなければならないのだ！ ジョーはふたたびひげ剃りを手に取った……

ゲーデルの発想は、強力な計算機「ボンベ」のきっかけとなった。ボンベは第二次世界大戦中、ドイツの暗号を解読するのに使われた。

　「この文章は偽である」の例に戻ると、この文はこの文自身について言及していることがわかる（「自己言及」という）。自己言及は、ラッセルが熱心に研究し、集合論から取り除こうとしたものだ。ゲーデルは自己言及文を次のように読み替えた。

文章S：「文章Sは証明できない。」

　さて、ずいぶん変な文章に見えるが、数学者はこの文章を気に病む必要はない。数学にはまったく関係ないからだ。しかしこれを数学的に書き直せるとしたらどうだろうか？　次にゲーデルはこの文章を書き換えようとした。細部を省略してやり方を説明しよう。文のすべての部分を数に置き換えるのだ。これは少し足し算に似たものになる。「2+2=4」そして＋と＝にも数（ゲーデル数という）を当てはめる。すべて書き換えると2662994となる。

　ラッセルとそのほかの数学者たちは、「証明する」「文章」「できない」などの単語に当てはめる記号をすでに発明していたため、ゲーデルの作業は見た目ほどむずかしくはなかった。実際、ラッセルが『プリンキピア・マテマティカ』執筆の際に使っていたのと同じ規則を使うことが、ゲーデルの証明の鍵だった。したがって、ゲーデルがつくりあげたものすごく長い数は、数学の規則を厳密に参照したものだった。「2+2=4」と同じくらい「数学的」だったのだ。もちろん、真であると

いう意味ではない。「2+2=5」だって同じくらい数学的な記述だ。ただ偽であるだけだ。

不完全性定理

　ゲーデルの証明に触れる前に、「無矛盾」の意味について説明しよう。「晴れである」と「晴れでない（曇りか雨である）」は同時には成り立たない（矛盾する）。「Aである」と「Aでない」が同時に成り立つといっ

たおかしなことのない体系が、無矛盾な体系だ。ゲーデルが証明したのは、ある体系（たとえば自然数を扱う自然数論など）が無矛盾であるなら、その体系のもとで、「文章Sは証明できない」という文が成り立つ、ということだ（第一不完全性定理）。これは、その体系が無矛盾なら、その中に、証明も反証もできない、つまり決定不能な文が存在することを意味する。

　ゲーデルはここで手を緩めず、ある体系が無矛盾であるなら、その無矛盾性は、その体系の中の知識や方法を使うだけでは証明できないことも証明した（第二不完全性定理）。この意味で、（ある種の）数学は不完全なのだ。ラッセルの計画は灰燼に帰した。

ゲーデルの不完全性定理は、数学に破壊的なダメージを与えたという人もいる。しかし、そうではない。むしろ不完全性定理は、新しい数学の出発点になった。

> 参照：
> ▶ 思考の数学…152ページ

アラン・チューリングはゲーデルの不完全性定理を研究するためのしくみを考案した――最終的にそれは汎用コンピューターになった。

クレイ数学研究所 ミレニアム懸賞問題

7 Millennium Problems

リーマン予想は、1859年にこれを提案したベルンハルト・リーマンにちなんで名付けられた。

数学者たちの希望と夢を打ち砕いたゲーデルの定理の衝撃にもかかわらず、数学はその後も多くの分野で発展をつづけた。教育制度が普及したこと、情報を共有するよりよい方法が生まれたこと、そして生物学、薬学、犯罪学などの分野への数学の応用、それぞれの相乗効果のおかげだ。

2000年、世界的な研究機関であるクレイ数学研究所は、以下の七つの問題「ミレニアム懸賞問題」を選び出した。問題を解いた者には100万ドルの賞金が与えられる。これらの問題は、今世紀の数学者たちの関心を集める主な分野を示している。現在のところ、まだ1問しか解かれていない。

ヤン－ミルズ方程式と質量ギャップ問題

分野：物理学に応用される集合論
内容：素粒子の質量。

リーマン予想

分野：素数
内容：素数の無限数列の分布パターン。

P ≠ NP 予想

分野：コンピューター科学
内容：解法を判定するのが容易な問題なら、解くのも

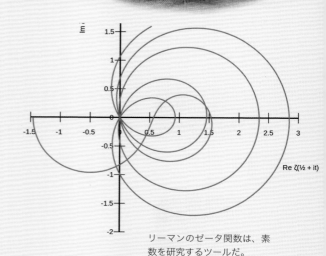

リーマンのゼータ関数は、素数を研究するツールだ。

容易か？

ナビエ－ストークス方程式（NSEs）

分野：微分方程式

ポアンカレ予想は、図形が3次元以上の図形上でどのように構成されかに関係する。

内容：ナビエ－ストークス方程式は常に成り立つか。

ホッジ予想

分野：代数方程式、トポロジー
内容：それぞれ次元のちがう積み木のブロックを集めて図形をつくる。

ポアンカレ予想（2002年に解決済み）

分野：幾何学
内容：引っかかった輪っかをその平面上で回収できる3次元平面は球と同じ形である。

バーチ・スウィンナートン＝ダイアー予想

分野：数論
内容：ある方程式の可解性。

ミレニアム懸賞問題の研究は、数学における狭い範囲の研究課題にすぎない。これらの課題のなかで、も

っとも広範囲で、根本的で、挑戦的なもののひとつは、ラングランズ・プログラムだ。まったくちがうように見える数学の分野どうしを関連づけて、特定の分野において発展した解法を、ほかの分野の課題に当てはめるというものだ。

実際、画期的な発見ができるのは本職の数学者だけではない。たとえば、多くの人々がつなげて平面を埋められる2次元図形について研究してきたが、その一方で、その方法のうち四つを発見したのはマージョリー・ライスという市井の数学者だった。1970年代のことだ。

今日では、数学はこれまでなかったほどアクセスしやすくなっている。主にインターネットのおかげだ。YouTubeには数学についてのすばらしい動画があふれ、SNSは数学者たちの国際的なコミュニティを後押ししている。本職の数学者たちにとってはすでに、arXivのようなオンラインのプラットフォームが、最新の研究について発表したり議論したりするもっとも一般的な場になっている。

数学はこれまでなかったほど身近で容易なものになった。さあ、あなたも数学の旅に出かけよう！

スーパーコンピューターであっても、NP（非決定性多項式）問題を解くには永遠の時間が必要だ。

微積分をもっと深く

110ページで述べた微積分の歴史につづいて、数学に力を与える、便利な技術について見ていこう。

二階微分

微分とは変化率だが、2回以上微分するのが有効な場合は多い。移動する物体の位置を示す式があるとき、位置の変化率（つまり速度だ）はその式を微分することで求められる。これを再度微分すると、速度変化の率、つまり加速度を求める式が得られる。

したがって、加速していくレーシングカーが、スタート後移動した距離が $4t^2$（t は時間）で表せるなら、一度微分して速度の式、もう一度微分して加速度の式を求められる。

位置: $x = 4t^2$

速度: $v = \dfrac{dx}{dt} = 8t$

加速度: $a = \dfrac{dv}{dt} = 8$

2段階に分けて微分する代わりに、「二階微分」をすればいい。$y=ax^n$ とすると、二階微分は

$$\dfrac{d^2y}{dx^2}$$

この式は以下のように求められる。

$$\dfrac{d^2y}{dx^2} = n(n - 1)ax^{(n-2)}$$

偏微分

3次元空間の斜面の特定の点における傾きを、2次元の曲線のように求めるにはどうしたらいいか？　3次元空間においては、第三の変数zを導入する必要がある。$z=-0.5x^2+y^2$ で表される平面について考えてみよう。

座標（42,46,1234）で表される点での傾きを求めるとしよう。いつもの通り、課題を明確にしなければならない。この点を通る接線は無数にあり、それぞれに傾きは異なる。曲面はたくさんの曲線でできていて、その間隔は密だ。これらの曲線はすべてy軸と平行だと見なせる。そのうち最初の曲線は、曲面の右端を走る曲線だろう。

しかし同様に、密着した曲線の集まりが、x軸に平行に走っているとも考えられる。いま検討している点は（少なくとも）2本の曲線上にあり、1本はx軸と平行、1本はy軸と平行な曲線だ。どちらの曲線もその点での傾きは異なる。どうやって傾きを定めればいいだろうか？

もっとも単純な解決法は、一度に式を微分するのを諦めることだ。代わりに、まずxについて微分し、その際変数yは無視する（yは定数としてそのまま保つ）。それからyについて微分する（今度は変数xを定数として保つ）。これが偏微分と呼ばれる操作で、ふたつの微分

式は以下のように表す。

$$\dfrac{\partial z}{\partial y}, \quad \dfrac{\partial z}{\partial x}$$

一般式である $nax^{(n-1)}$ を用いて、

$z = -0.5x^2+y^2,$

を x について微分すると、

$$\dfrac{\partial z}{\partial x} = -(2 \times 0.5)x = -x$$

ここではyは定数なので、ほかの定数と同じく y^2 が消えることに注意しよう。そしてyについて微分すると、同じ式 $nay^{(n-1)}$ を用いて、

$$\dfrac{\partial z}{\partial y} = 2y$$

となる。したがって、点（42,46,1234）における傾きは、x方向に $-x$ つまり -42、y方向に $2y$ つまり $2 \times 46=92$ となる。

積分式を選ぶ方法

より複雑な式の場合、先の一般式を使っても積分できないことがある。うまくいく方法はいくつもあるものの、どれがよいか選ぶとき信頼できる規則はない。言い換えると、積分は経験、技術、そして運任せなのだ。

三角関数の積分

単純な三角関数の式を積分（あるいは微分）するには、積分（微分）公式を使う。

三角関数	積分	微分
$\sin\theta$	$-\cos\theta + c$	$\cos\theta$
$\cos\theta$	$\sin\theta + c$	$-\sin\theta$
$\tan\theta$	$-\ln(\cos\theta) + c$	$\sec^2\theta$

$\sin 6\theta$ のように、変数である角を何倍かした角を持つ三角関数の場合、積分した結果は、乗数（掛ける数）で割ったものになる。たとえば $\int \sin(6\theta)\mathrm{d}\theta = -1/6\cos(6\theta) + c$ である。この知識と、$\sin(2x) = 2\sin x + \cos x$ のような三角関数の公式を使えば、積分問題を簡単にできる場合がある。たとえば、

$$\int_0^{\pi/4} 2\sin x \cos x\, dx$$

に公式 $\sin(2x) = 2\sin x \cos x$ を使って、上の式を変形すると、

$$\int_0^{\pi/4} \sin(2x)dx$$

となる。これは、

$$[-1/2\cos(2x) + c]_0^{(\pi/4)}$$

となるので、

$$-\frac{1}{2}\cos\left(2\times\frac{\pi}{4}\right) + c - \left(-\frac{1}{2}\cos(2\times 0) + c\right)$$
$$= 0 - (-1/2) = -1$$

三角関数を使った置換積分

これは三角関数の積分公式と、三角関数の公式を用いる方法だ。

たとえば、

$$\int \frac{1}{\sqrt{9-x^2}}\, dx$$

について考えてみよう。根号の中の $9 - x^2$ という式は、定数から変数の2乗を引く形になっている。これは三角関数の

公式 $1 - \sin^2\theta = \cos^2\theta$ に似ている。

この公式を使うには、9を1に変えなければならない。そこで、x を $3\cos\theta$ に置きかえる。

したがって、

$$\int \frac{1}{\sqrt{9-x^2}}\, dx \text{ は}$$

$$\int \frac{1}{\sqrt{9-9\sin^2 x}}\, dx$$

となる。先に進む前に、この式の中に含まれる x をすべて θ に置きかえなければならない。それでは dx はどのように表せるだろう。$\sin\theta$ を微分すると $\cos\theta$（$3\sin\theta$ を微分すると $3\cos\theta$）なので、

$$\frac{dx}{d\theta} = 3\cos\theta$$

この式をさらに変形しよう。われわれは x の式を θ の式に置きかえたいので、dx も $d\theta$ で表さなければならない。上の式から、

$$dx = 3\cos\theta d\theta$$

となる。したがって、先の式、

$$\int \frac{1}{\sqrt{9-9\sin^2\theta}}\, dx$$

の dx を $3\cos\theta\, d\theta$ で置きかえると、

$$\int \frac{3\cos\theta}{\sqrt{9-9\sin^2\theta}}\, d\theta$$

となる。すべての x 項を置きかえられたので、次に式を単純化するために変形していこう。まずふたつの9は次のように根号の外に出すことができる。

$$\int \frac{3\cos\theta}{3\sqrt{1-\sin^2\theta}}\, d\theta$$

（根号の中の9は、根号の外では3となる）

分子と分母の3を約分できる。

$$\int \frac{\cos\theta}{\sqrt{1-\sin^2\theta}}\, d\theta$$

こうして $1 - \sin^2\theta$ が得られた。そこで三角関数の公式 $1 - \sin^2\theta = \cos^2\theta$ を使うと、

$$= \int \frac{\cos\theta}{\sqrt{\cos^2\theta}}\, d\theta = \int \frac{\cos\theta}{\cos\theta}\, d\theta = \int d\theta = \theta + c$$

となる。最後に得られた θ の式を x の式に戻せば、求める答えが得られる。

x を $3\sin\theta$ で置きかえたので、$\sin\theta = x/3$ より、$\theta + c$ は、$\arcsin(x/3) + c$ となる。これがわれわれが求めていた答えだ。

置換積分

次のような式の積分を考えてみよう。

$$y = \int (x+3)^6 dx$$

x + 6 を実際に6回掛けて展開し、各項を積分することもできる。しかし、もっと早く結果にたどりつく方法がある。一時的に括弧の中を別の変数に置きかえるのだ。よく使われるのは u という変数である。

i) u = x + 3 と定義する。

ii）関数 x + 3 を u で置きかえる。

$y = \int u^6 dx$

iii）dxを求めるため、u を x で微分する。

u = x + 3 なので、dx = du が得られる。

iv）dx を du で置きかえる。

$y = \int (u)^6 du$

v）積分する。

$\int y du = \frac{1}{7} u^7 + c$

vi）u を x + 3に戻し、最終的な答えを求める。

$\int y dx = \frac{1}{7}(x+3)^7 + c$

部分積分

関数の積を積分したいとき、部分積分を使うとうまくいくことが多い。部分積分では次の公式を使う。
$\int u dv = uv - \int v du$

たとえば、次の積分を求めたいとしよう。
$\int x \cos x\, dx$

x を u と置き、sinx を v と置くと、dv/dx=cosx より、dv=cosxdx。よって上の式は、$\int u dv$ となる。
u = x なので $\frac{du}{dx} = 1$

したがって、du = dx となる。

こうして、u、v、du、dv がそれぞれ得られたので、先の公式に代入すると、答えが得られる。

$\int u dv = uv - \int v du$
$\int u dv = x \sin x - \int \sin x\, dx$
$= x \sin x + \cos x + c$

分数関数の積分

積分すべき関数が分数の形をしている場合、部分分数に分解すればうまくいくことがある。分母に変数を含む分数を積分すると、対数関数になるからだ。すなわち、
$\int \frac{1}{x} dx = \ln(x) + c$

となる。以下の式を積分することを考えてみよう。

$$\frac{3x + 11}{x^2 - x - 6}$$

この式は、以下のようにふたつの分数に分解できる。

$$\frac{4}{x-3} - \frac{1}{x+2}$$

したがって、

$$\int \left(\frac{4}{x-3} - \frac{1}{x+2} \right) dx$$

それぞれの項は簡単に積分することができ、次の結果が得られる。
$4\ln(x-3) - \ln(x+2) + c$

長方形近似による数値積分

ここまでに紹介してきた積分法は、「解析的」な方法と呼ばれる。解析的に積分できる式はたくさんあるものの、正しい手法を選ぶには技能が必要で、コンピューターのプログラムを使って積分を解析的に解くのは非常に困難だ。ところが、物理学、生物学、工学に登場するほとんどの関数は、解析的な手法では解けないものばかりなのである。

しかし、運がよいことに、ほとんどどんな関数にも応用できる便利な方法がある。それが数値積分だ。数値的な手法は、解析的なものより説明するのが簡単で、使いこなすのにそれほど高い技能を必要としない。そのため、アルゴリズム、つまり段階的な手順に沿ってコンピューターにかんたんに計算させることができる。数値積分には、退屈な計算が大量に必要になる。しかし、だからこそコンピューターが役に立つ。コンピューターは元々そういう計算をするために発明されたのだ。人間は可能な限り解析的な方法で積分しようとするが、コンピューターはほとんど常に数値的に積分問題を解こうとする。

解析的手法で積分をすると、まず不定積分が得られる。不定積分が得られれば、必要に応じて、ある区間における積分である定積分も得られ、具体的な数値を求めることもできる。一方、数値積分の特徴は、まず数値が得られる点にある。したがって、すべての数値積分は、（不定積分ではなく）定積分である。

積分したい関数をグラフに表せば、数値積分を簡単に視覚化できる。というのも、この場合、積分を求めることは、関数を表す曲線の下の面積を求めることに等しいからだ。その手法はいつも同じである。面積の求め方をあらかじめ知っている図形をいくつも加えて、曲線の下の領域を

覆うのだ。異なる図形を組み合わせて使うことも可能だが、同じ図形を選んでくり返し足し合わせる方がずっと簡単である。

さまざまな図形が使われるが、最も単純で、よく使われるのは長方形だ。

たとえば、$f(x) = 0.01x^2 + 0.1x + 100$で定義される曲線の下の領域の面積を、$x = 0$ から $x = 100$ の範囲で求めたいとする。

まずどのくらいの数の長方形で、この領域を分割するのか決めよう。用いる長方形の数が多いほど、この領域を正確に覆うことができるが、その分、必要な計算の数も増える。われわれは疲れ知らずのコンピューターではないので、ここでは5個の長方形を使うことにしよう（どれくらい正確な値に近づけるかは後ほど検討する）。

曲線の下の領域をなるべくぴったり覆う長方形の並べ方は、長方形の上部の1辺の中点を曲線が通る場合である。このとき、各長方形の横幅を表す辺の始点、中点、終点の x 座標は次の通りだ。

長方形	始点	中点	終点
1	0	10	20
2	20	30	40
3	40	50	60
4	60	70	80
5	80	90	100

次に、各長方形の高さを求めよう。これらは曲線を表す式$f(x) = 0.01x^2 + 0.1x + 100$から得られる。これに上の表の中点の値を代入すればよい。

x	f(x)
10	102
30	112
50	130
70	156
90	190

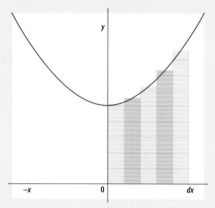

数値積分では、曲線の下の領域を長方形に分割し、足し合わせて面積を求める。長方形の幅が狭くなるほど、正確な面積に近づくが、計算は複雑になる。

さあ、5つの長方形の面積を求め、それぞれ足し合わせよう。各長方形の幅は20で、高さは上で計算したとおりである。各長方形の面積の合計は、$(20 \times 102) + (20 \times 112) + (20 \times 130) + (20 \times 156) + (20 \times 190)$である。

この式は以下のように単純化できる。
$20 \times (102 + 112 + 130 + 156 + 190)$
計算結果は、13,800である。

この例では、元の関数$f(x) = 0.01x^2 + 0.1x + 100$を積分することで、われわれの近似値がどれくらい正確かたしかめることができる。

われわれが得た近似値は、正確な値から約33（約0.2%）だけずれていることがわかる。

$$\int_0^{x=100} f(x)dx = [\frac{0.01x^3}{3} + \frac{0.1x^2}{2} + 100x + c]_0^{100}$$
$$=$$
$$\left(\frac{0.01 \times 100^3}{3} + \frac{0.1 \times 100^2}{2} + 100 \times 100 + c\right)$$
$$-$$
$$\left(\frac{0.01 \times 0^3}{3} + \frac{0.1 \times 0^2}{2} + 100 \times 0 + c\right) \approx 13,833$$

それでは長方形近似による数値積分の一般的な公式を導こう。そのために各長方形の面積を表す式を求めなければならない。求めたい積分の領域が $x = a$ から始まり、$x = b$ で終わるとし、5個の長方形で領域を覆うとすると、各長方形の幅は $(b-a)/5$ となる。各長方形の幅を決める x 座標を端からx_0、x_1、...x_5と名付けると、長方形の幅を決める辺の中点はそれぞれ$(x_0 + x_1)/2$、$(x_1 + x_2)/2$、...$(x_4 + x_5)/2$となる。各長方形の高さは、これら中点における元の関数の値で表されるので、$f((x_0 + x_1)/2)$、$f((x_1 + x_2)/2)$、...$f((x_4 + x_5)/2)$となる。ここまで5個の長方形で領域を覆う場合を考えてきたが、一般の n 個の長方形で領域を覆うことを考えると、最後の中点のx座標は$(x_{n-1} + x_n)/2$ となる。

数列の和を表す記号は Σ（ギリシャ語のシグマで、英語のSumの頭文字Sにあたる。Sumは和を意味する）だ。一般項を k を使って表し、k を 1 から n まで動かしたときの和は$\sum_{k=1}^{n}$となる。

各長方形の総和は次の通りだ。
$$\sum_{k=1}^{n} \frac{b-a}{n} \left[f((x_0+x_1)/2)+...+f((x_{n-1}+x_n)/2) \right]$$

用語集 Glossary

関数

入力した値に対してひとつの決まった値を出力するもの。y = x² の場合、x は入力、y は出力を表す。x = 2 を入力すれば、出力として y = 4 が得られる。

係数

変数の前に付いて、変数にかける数。方程式 6 = 3x における 3 が係数。

5次方程式

次数が5の方程式。

座標

点の位置を表す数の組。

3次方程式

x³ − 4x² + 1 = 0 のように次数が3である方程式。

指数

上付き添え字の数で、同じ数を何回かけたかを表す。2²ⁿ は 2 を 2n 回かけることを表す。

（多項式の）次数

多項式に含まれる項の変数のべき指数のうち最大のもの。x⁷ − 3x⁴ なら7が次数。

自然数

1からスタートして次々と1を足して得られる数。も

のの個数を数えるのに使う。

実数

数を対応させた1本の直線を思い浮かべてみよう。中央に0を対応させ、0 の右に 1, 2, 3 などを、0 の左に −1, −2, −3 などを等間隔に並べる。これが数直線だ。この数直線に 1/2 は記されていなくても、どこに 1/2 があるかをわたしたちは示すことができる。無理数についても同じだ。√2 の正確な位置はわからないものの、数直線上の 1.414 と 1.415 の間のどこかにあるのはたしかである。円周率 π のような超越数も、数直線上にある。数直線に乗っている数の集まりが実数だ。一方、虚数は数直線上には存在しない。

整数

0 に 1 を次々足したり、次々引いたりして得られる数。..., −3, −2, −1, 0, 1, 2, 3 ... など。

積分

微分の逆に当たる操作。曲線の下の面積や、立体図形の体積を求めるために使う。

素数

1と自分自身のみでしか割り切れない数。

多項式

変数の累乗とその定数倍およびそれらの和によって表される。

超越数

方程式（正確には代数方程式）の解にならない数。たとえば円周率 π は超越数だ。

定数

不変の数。直線を表す方程式 $y = mx + c$ において、c が定数、m は係数、x と y は変数。

定理

正しいことが証明された数学的な命題のうち、興味深く、役に立つもの。

2 次方程式

次数が 2 の方程式。

微分

何かが変化する割合を見つける手段。たとえば、自動車の加速度は、速度を表す式を微分すれば求めることができる。

微分方程式

微分を含む方程式。物理学、生物学、化学、経済学などの分野で、多くの法則が微分方程式で表される。

複素数

a、b を実数とし、i を $\sqrt{-1}$ を表す虚数単位としたとき、a + bi で表される数。

変数

さまざまな値を取りうることを表す文字記号のことで、方程式の中で使われることが多い。

無理数

分数では表すことができない数。

有理数

分数で表すことができる数。

4 次方程式

次数が 4 の方程式。

予想

証明されていない数学的な命題。いったん証明されると定理になる。

索引 Index

図版クレジット

INSIDE: Pg 4-5: All Image repeat use from inside; **Alamy**: AF Fotografie 34, Age Fotostock 169, Artokoloro Quint Lox Ltd 136b, Chronicle 10, 17b, 36, 45, 110cl, 137, Classic Image 126tr, Colport 72, Ian Cook/All Canada Photos 26, Everett Collection Historical 170b, Paul Faern 47, 60t, GB Images 94tr, Interfoto 6c, 22, 53b, 60brb, 123, Sebastian Kaulitzki 128, Lebrecht Music & Arts Photo Library 99, North Wind Picture Archives 48, 116br, Old Paper Studios 78bl, Zev Radovan/Bible Land Pictures 30, Science History Images 7b, 62, 71, 74b, 103b, 125, Alexander Tolstykh 18, Universal Images Group/North America LLC 98bl, World History Archive 112; **Archive.org**: 83, 90; **CERN**: 164; **Clay Mathematics Institute**: 121trb; **Mary Evans Picture Library**: 42, 116tl, 141b, 158; **NASA**: 134tr; Public Domain: 50, 170t; **Science Photo Library**: Max Alexander/Trinity College, Oxford 91cr, Professor Peter Goddard 100br; **Shutterstock**: Nata Alhontess 86bc, Radu Bercan 108b, Darsi 154, Paul Fleet 163, Iryna1 118br, Lenscap Photography 173, Zern Liew 663, Makars 69b, Valemtymc Makepiece 31, Marzolino 98tr, Mattes Images 103t, Militarist 156cr, Morphart Collection 44cr, Oksana2010 55, Rasoulati 14, Roman Samokhin 97cr, Sensay 97br, Roman Sotola 121trt, Torook 64t, Tomer Tu 44tl, Urfin 126b, Natalia Vorontsova 142, vrx 133, Waj 15, Igor Zh 21; **The Wellcome Library, London**: 38, 52, 92tl, 102, 111, 122c, 136cl, 167; **Thinkstock**: Baloncici 91br, Bazilfoto 68, Brand X Pictures 54c, Cronislaw 54cr, Tom Cross 115, Digital Vision 54trb, Dorling Kindersley 148, Eurobanks 54trt, iStock 58, 120b, 171b 172, Lilipom 20, Panimoni 23, Photos.com 24 27, 28, 119, 152t, 165, Pure Stock 176, Sashuk9 54bc, Stocktrek 151, Trasja 54brr, Zoonar 54brl; **Wikipedia**: academo.org 113, 6t, 7t, 9t, 12tr, 12bl, 13, 25, 33, 46, 51, 53t, 57, 59cr, 59b, 60brt, 64b, 65, 66t, 67, 74cl, 76t, 76b, 77, 78bc, 79, 80, 82ct, 82cb, 84, 89bl, 89br, 91t, 92c, 93bl, 93bc, 94tl. 95tr, 95bl, 100tl, 108t, 109, 110tr, 117, 118bl, 122t, 124, 126tc, 130, 134tc, 134b, 138bl, 138br, 140, 141t, 150bl, 150br, 152b, 153, 156tl, 156br, 157, 159, 161, 162t, 162b, 166, 174t, 174b, 175t.

著者 ....

マイク・ゴールドスミス Mike Goldsmith

サイエンスライター。前職は、イギリス国立物理学研究所の部長（音響学）。専門は天文学、音響学。子供向け、科学本多数あり。数学、宇宙開発、時間旅行、科学史など幅広いジャンルを扱う。キール大学卒。博士の学位を天文学で取得。

訳者 ....

緑 慎也　（みどり・しんや）

1976年、大阪生まれ。出版社勤務、月刊誌記者を経てフリーに。科学技術を中心に取材活動をしている。著書『消えた伝説のサルベンツ』（ポプラ社）、共著『山中伸弥先生に聞いた「iPS細胞」』（講談社）、翻訳『大人のためのやり直し講座 幾何学』『デカルトの悪魔はなぜ笑うのか』『「数」はいかに世界を変えたか』（創元社）など。

謝辞：本書の翻訳原稿を精読いただきました森一氏に感謝申し上げます。

ビジュアルガイド もっと知りたい数学②
「代数」から「微積分」への旅

2020年5月20日　第1版第1刷　発行

著 者	マイク・ゴールドスミス
訳 者	緑 慎也
発行者	矢部敬一
発行所	株式会社 創元社

https://www.sogensha.co.jp/
本社 〒541-0047 大阪市中央区淡路町4-3-6
Tel.06-6231-9010　Fax.06-6233-3111
東京支店 〒101-0051　東京都千代田区神田神保町1-2 田辺ビル
Tel.03-6811-0662

装 丁	寺村隆史
印刷所	図書印刷株式会社

© 2020, Printed in Japan
ISBN978-4-422-41443-0 C0341

本書の感想をお寄せください
投稿フォームはこちらから ▶ ▶ ▶ ▶